高等学校计算机基础教育规划教材

Visual FoxPro数据库及面向对象程序设计基础实验指导及习题解答

宋长龙 曹成志 李艳丽 张晓龙 李锐 编著

清华大学出版社
北京

内容简介

本书作为《Visual FoxPro 数据库及面向对象程序设计基础(第 2 版)》(ISBN:9787302261049)的辅助教材,包括实验指导和习题分析及解答两篇内容。实验指导篇包含 VFP 系统环境及配置、VFP 表达式及应用、数据库的建立与维护、SQL 语言应用与视图设计、结构化程序设计基础、表单设计及应用、控件设计及应用、菜单设计及应用、报表与标签设计及应用、网络程序设计基础、连编并发布应用程序 11 个实验单元,共有验证和设计性实验 60 多个题目,每个实验题目都给出了实验目的、实验要求、注意事项、实验步骤和思考题。习题分析及解答篇对主教材中的 700 多道习题进行了解答,对设计性习题进行了分析并给出了基本设计思路和方法。

本书旨在解决学生上机和设计中的难题,引导学生解决实际工作中的软件设计问题,开拓学生软件设计视野和思路,激发学生自主学习的热情和积极性,学有所用。

本书既可以作为高等院校、高等职业技术学院提高学生设计和实践技能的教材,也可以作为参加计算机等级考试和计算机专业人员提高实战能力的参考书。

图书在版编目(CIP)数据

Visual FoxPro 数据库及面向对象程序设计基础实验指导及习题解答/宋长龙等编著.
—北京:清华大学出版社,2011.9
(高等学校计算机基础教育规划教材)
ISBN 978-7-302-25627-4

Ⅰ. ①V… Ⅱ. ①宋… Ⅲ. ①关系数据库—数据库管理系统,Visual FoxPro—程序设计—高等学校—教学参考资料　Ⅳ. ①TH126

中国版本图书馆 CIP 数据核字(2011)第 099421 号

责任编辑:袁勤勇　顾　冰
责任校对:时翠兰
责任印制:李红英

出版发行:清华大学出版社		地　　址:北京清华大学学研大厦 A 座	
http://www.tup.com.cn		邮　　编:100084	
社　总　机:010-62770175		邮　　购:010-62786544	
投稿与读者服务:010-62795954,jsjjc@tup.tsinghua.edu.cn			
质　量　反　馈:010-62772015,zhiliang@tup.tsinghua.edu.cn			

印　装　者:北京市清华园胶印厂
经　　销:全国新华书店
开　　本:185×260　　印　　张:12.75　　字　　数:291 千字
版　　次:2011 年 9 月第 1 版　　印　　次:2011 年 9 月第 1 次印刷
印　　数:1~3000
定　　价:20.00 元

产品编号:041940-01

前言

"数据库及面向对象程序设计"课程是数据库理论、实践应用及设计技术联系比较紧密的一门课程,它涉及数据库设计理论基础知识、结构化程序设计、面向对象程序设计和计算机软件开发的基本过程和方法,是非计算机专业学生的计算机应用技术层面的基础课程。

随着计算机应用技术的发展,与数据库和程序设计有关的内容越来越多,应用性也越来越强。对于初学者来讲,从简单地应用别人开发的软件过渡到自己动手开发软件,一开始确实具有一定的难度,往往不适应软件开发的基本思想,对于具体的设计任务感觉无从下手。特别是在近年的教学改革进程中,各门课程都在逐渐地减少授课学时,教师的压力越来越大,每学期都在匆匆忙忙地赶进度,忙于完成教学任务;课堂上学生似乎听懂了,但自己上机和实际设计却感觉难度太大,只能期末突击复习,辛辛苦苦地死记硬背知识点应付考试了事,结果教学效果可想而知,无法达到教学目标。编者作为多年从事计算机公共基础课教学的教师,有责任和义务做出一切努力改变现状,解决学生上机和设计中的难题,全面提高教学质量。

在本书中,将我们教学和应用程序开发的体会总结出来奉献给广大读者,为适应教学改革,增加学生的自主学习空间,开阔学生开发计算机软件的思路,为提高学生未来引用计算机技术解决本专业领域中问题的能力,为培养综合性创新人才尽微薄之力。

本书作为《Visual FoxPro 数据库及面向对象程序设计基础》的配套教材,包括实验指导和习题分析及解答两篇内容。实验指导篇包含 VFP 系统环境及配置、VFP 表达式及应用、数据库的建立与维护、SQL 语言应用与视图设计、结构化程序设计基础、表单设计及应用、控件设计及应用、菜单设计及应用、报表与标签设计及应用、网络程序设计基础、连编并发布应用程序 11 个实验单元,共有验证和设计性实验 60 多个题目,每个实验题目都给出了实验目的、实验要求、注意事项、实验步骤和思考题,旨在解决学生上机和设计中的难题,引导学生解决实际工作中的软件设计问题,开拓学生软件设计视野和思路,激发学生自主学习的热情和积极性,学有所用。

习题分析及解答篇对主教材中的 700 多道习题进行了解答,对设计性习题进行了分析并给出了基本设计思路和方法,期望能对学生自我检测所学知识的掌握情况有所帮助。

本书由宋长龙组织编写、修改和统稿,参加编写的教师分工如下:

李锐编写第 1、8 章,张晓龙编写第 2、5 章,曹成志编写第 3、9、11 章,宋长龙编写第 4、10 章及附录，李艳丽编写第 6、7 章。

　　本书是对我校内部实验教材进行认真总结和精心提炼而成的。内部实验教材经 3 年试用，深受学生的欢迎，并得到了精品课教学团队教师的充分肯定，取得了良好的教学效果。在此对付出心血和提出改进建议的教师和学生们表示衷心的感谢。同时，由于我们的知识面和水平有限，虽然尽了很大的努力，但教材中一定还存在错误或不妥之处，恳请广大读者和同人继续批评指正，以便将以后的工作做得更好！

编　者

2011 年 6 月

目录

上篇 实验指导

第1章 VFP 系统环境及配置 …………………………………………………………… 3

1.1 测试 VFP 系统环境 ……………………………………………………………… 3

1.2 配置 VFP 系统环境 ……………………………………………………………… 5

1.3 编写 Config. fpw 文件 …………………………………………………………… 7

1.4 项目管理器及其应用 ……………………………………………………………… 9

第2章 VFP 表达式及应用 …………………………………………………………… 12

2.1 设置日期型数据的格式 …………………………………………………………… 12

2.2 建立与清除内存变量 ……………………………………………………………… 13

2.3 数值表达式的应用 ………………………………………………………………… 14

2.4 字符表达式的应用 ………………………………………………………………… 16

2.5 日期(日期时间)表达式的应用 …………………………………………………… 17

2.6 关系和逻辑表达式的应用 ………………………………………………………… 18

2.7 宏替换及数组的应用 ……………………………………………………………… 20

2.8 保存与恢复内存变量 ……………………………………………………………… 21

第3章 数据库的建立与维护 ………………………………………………………… 23

3.1 建立学生信息数据库 ……………………………………………………………… 23

3.2 创建与维护数据库表 ……………………………………………………………… 24

3.3 数据库表与自由表转换 …………………………………………………………… 26

3.4 数据库中的数据维护 ……………………………………………………………… 27

3.5 索引及其应用 ……………………………………………………………………… 30

3.6 数据查询及其应用 ………………………………………………………………… 32

3.7 数据统计与分析 …………………………………………………………………… 33

3.8 表间关联及其应用 ………………………………………………………………… 35

第4章　SQL 语言应用与视图设计 ·· 38

4.1　用 SQL 语句建立数据库表 ·· 38

4.2　用 SQL 语句设置与数据库表结构有关的信息 ····················· 40

4.3　数据库表中的数据维护 ·· 41

4.4　用 SQL 语言设计实用程序 ·· 44

4.5　通过 SQL 语句进行数据统计与分析 ································· 47

4.6　SQL 语言中嵌套与合并的应用 ·· 49

4.7　查询设计器及其应用 ·· 51

4.8　视图的设计方法及其应用 ·· 54

4.9　通过 SQL-Select 语句建立视图 ······································ 55

第5章　结构化程序设计基础 ·· 57

5.1　分支程序设计 ·· 57

5.2　循环程序设计 ·· 58

5.3　嵌套程序设计 ·· 59

5.4　表中数据的处理程序 ·· 61

5.5　子程序及其调用 ··· 62

第6章　表单设计及应用 ·· 65

6.1　用"表单向导"设计表单 ·· 65

6.2　快速表单 ··· 66

6.3　设置表单的属性 ··· 67

6.4　绘制简单图形 ·· 69

6.5　测试表单类型 ·· 70

6.6　数据环境及其作用 ·· 72

第7章　控件设计及应用 ·· 74

7.1　设计四则运算的表单 ·· 74

7.2　设计图像浏览器 ··· 75

7.3　设计应用程序的登录窗口 ·· 77

7.4　设计浏览数据的表单 ·· 79

7.5　设计组合查询表单 ·· 81

7.6　设计可选择表和字段的表单 ··· 84

7.7　设计输出数据的表单 ·· 87

7.8　设计登录网络的表单 ·· 88

第 8 章　菜单设计及应用 ·· 91

8.1　设置 VFP 系统菜单 ·· 91

8.2　设计应用程序菜单 ·· 92

8.3　设计窗口菜单 ·· 95

8.4　设计快捷菜单 ·· 97

第 9 章　报表与标签设计及应用 ·· 100

9.1　用"报表向导"设计简单报表 ·· 100

9.2　用"一对多报表向导"设计报表 ·· 101

9.3　用"报表设计器"设计报表 ·· 103

9.4　设计标签 ·· 105

9.5　报表的应用设计 ·· 107

第 10 章　网络程序设计基础 ·· 110

10.1　只读打开文件的作用 ·· 110

10.2　共享文件对 VFP 某些命令的制约 ·· 111

10.3　表单文件的共享与独占 ·· 112

10.4　锁定数据记录与表文件 ·· 114

10.5　锁定数据引发的程序死锁 ·· 115

10.6　网络程序出错处理 ·· 117

第 11 章　连编并发布应用程序 ·· 121

11.1　编译连接应用程序 ·· 121

11.2　制作应用程序的安装向导程序 ·· 124

下篇　主教材习题分析及解答

习题一 ·· 133

习题二 ·· 134

习题三 ·· 136

习题四 ·· 141

习题五 ·· 145

习题六 ·· 150

习题七 ·· 155

习题八 ·· 157

习题九 ·· 164

习题十 ·· 168

习题十一 ·· 172

习题十二 ·· 175

附录 A　常用数值运算及数值函数 ························· 177

附录 B　常用字符运算及字符值函数 ····················· 179

附录 C　常用日期运算及日期值函数 ····················· 181

附录 D　常用关系、逻辑运算及逻辑值函数 ············ 182

附录 E　SQL 语言专用运算及函数 ······················· 184

附录 F　对象的常用属性 ··································· 185

附录 G　对象的常用事件 ··································· 191

附录 H　对象的常用方法程序 ····························· 193

附录 I　按键与 KeyPress 事件参数 nKeyCode 值对照表 ····· 194

上 篇

实验指导

第1章

VFP 系统环境及配置

1.1 测试 VFP 系统环境

1. 实验目的

测试 VFP 系统环境,掌握系统菜单、工具栏和命令窗口的使用方法和作用,以便灵活使用 VFP 设计各种对象。

2. 实验要求

(1) 启动 VFP 系统程序。

(2) 使用系统菜单新建一个数据库文件 DATA,观察数据库设计器打开前后系统菜单的变化以及命令窗口中显示的命令。

(3) 隐藏“数据库设计器”工具栏,显示“常用”工具栏、“布局”工具栏和“打印预览”工具栏。

(4) 隐藏和显示命令窗口。

(5) 设置 VFP 主窗口的背景颜色为蓝颜色,主窗口的标题内容为“学习 VFP”。

(6) 隐藏和显示状态栏。

(7) 用系统菜单方式显示时钟,再用命令方式显示时钟,观察时钟显示的位置,然后用命令方式隐藏时钟。

(8) 退出 VFP 系统程序。

3. 注意事项

(1) VFP 系统菜单中显示的菜单项将随着当前窗口的改变而发生变化。

(2) 除常用工具栏外,还有 10 个其他工具栏。工具栏的显示或隐藏与当前打开的文件类型有关,也可以通过手动显示或隐藏工具栏。

(3) 如果一条命令要写成多行,则除最后一行外,其余各行尾部应该写半角分号“;”。每行按回车键表示结束,对没有分号“;”的行按回车键表示开始执行命令。

(4) 命令中的英文字母、单引号、双引号、小括号、运算符以及标点符号等必须以半角方式输入。

（5）操作系统菜单时，某些菜单项对应的命令将显示在命令窗口中，系统也会保留在命令窗口中执行的命令，可以将光标移动到一条命令的任意位置，然后按回车键，重新执行该命令，或者修改其内容成为新的命令后执行。

4. 实验步骤

（1）单击"开始"→"程序"→Microsoft Visual FoxPro 6.0→Microsoft Visual FoxPro 6.0。进入 VFP 系统主界面，如图 1.1 所示。

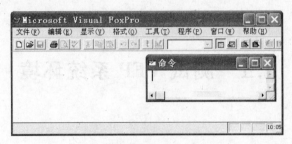

图 1.1　VFP 系统主界面

（2）单击"文件"→"新建"，在打开的"新建"对话框中，将"文件类型"选定为"数据库"，单击"新建文件"按钮。在"创建"对话框中，从"保存在"组合框中选择"本地磁盘（E：）"，然后单击"创建新文件夹"按钮，新文件夹以 W＜学号＞形式命名，如 E：\W50109901，双击进入该文件夹，输入"数据库名"：DATA，单击"保存"按钮。VFP 系统界面如图 1.2 所示。

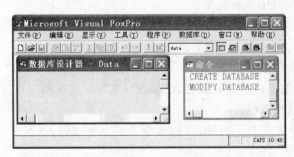

图 1.2　打开"数据库设计器"的 VFP 系统界面

（3）单击"显示"→"工具栏"，在打开的"工具栏"对话框中，单击"数据库设计器"项，去掉前面的"×"标志，即为隐藏；单击"布局"和"打印预览"项，前面出现"×"标志，即为显示，单击"确定"按钮。在默认情况下显示"常用"工具栏。

（4）按 Ctrl＋F4 快捷键，即隐藏命令窗口；选择"窗口"→"命令窗口"，显示命令窗口。

（5）在命令窗口中依次执行：

```
_Screen.BackColor=RGB(0,0,255)        && VFP 主窗口背景颜色设为蓝色
_Screen.Caption="学习 VFP"             && VFP 主窗口标题设为"学习 VFP"
```

(6) 单击"工具"→"选项",打开"显示"选项卡,选定或取消"状态栏",再单击"确定"按钮,显示或隐藏状态栏。在命令窗口中执行下列命令:

```
Set Status Bar On          && 显示 VFP 的状态栏
Set Status Bar Off         && 隐藏 VFP 的状态栏
```

(7) 单击"工具"→"选项"。打开"显示"选项卡,选定"时钟",再单击"确定"按钮,在状态栏上显示时钟。在命令窗口中执行下列命令:

```
Set Clock Off              && 隐藏时钟
Set Clock On               && 在 VFP 的主窗口右上角处显示时钟
```

(8) 在命令窗口中执行:

```
Quit                       && 退出 VFP 系统
```

5. 思考题

(1) 启动和退出 Visual FoxPro 6.0 程序各有几种方法?
(2) VFP 系统菜单依据什么发生变化?
(3) 命令窗口有什么功能? 如何利用命令窗口的特性使操作变得简捷、快速?
(4) 如果一条语句太长,如何将其分成功能相同的多条语句?

1.2　配置 VFP 系统环境

1. 实验目的

学习配置 VFP 系统环境的途径和方法,能根据实际需要配置应用程序运行环境,掌握系统环境对应用程序的影响和作用。

2. 实验要求

(1) 按学号建立文件夹,用命令方式将该文件夹设为默认目录。
(2) 用命令方式设置日期格式为:YYYY.MM.DD,在主窗口中输出当前日期。
(3) 将上述两种配置设为永久配置。
(4) 配置 VFP 帮助文件,并查找关于"项目管理器"的帮助信息。

3. 注意事项

(1) 配置 VFP 的系统环境时,临时配置和永久配置的方法和作用是有区别的。
(2) 必须安装 MSDN 信息库,并在 VFP 中配置帮助文件,才能使用 VFP 的帮助功能。

4. 实验步骤

(1) 在 Windows 的资源管理器下,按自己的学号建立文件夹,如 E:\W50109901,用于保存自己的文件。并在命令窗口中执行：

```
Set Default To E:\W50109901                    && 设置文件默认目录,属于临时配置
```

单击"文件"→"打开",文件默认目录已经是 E:\W50109901。

（2）在命令窗口中执行：

```
? Date()              &&Date()为系统日期函数,系统默认日期格式为月/日/年
Set Century On        && 将日期型数据的年份设置成 4 位,属于临时配置
Set Date Ansi         && 将日期格式设置为 YYYY.MM.DD 格式,属于临时配置
? Date()              && 输出当前日期,格式为 YYYY.MM.DD
```

（3）在命令窗口中执行：

```
Quit                  && 退出 VFP 系统
```

（4）单击"开始"→"程序"→Microsoft Visual FoxPro 6.0→Microsoft Visual FoxPro 6.0，重新启动 VFP。

（5）单击"文件"→"打开",文件默认目录已经不是 E:\W50109901,表示临时配置不再有效。

（6）在命令窗口中执行命令：

```
? Date()              && 日期格式为 MM/DD/YY,表示临时配置失效
```

（7）单击"工具"→"选项",打开"文件位置"选项卡（如图 1.3 所示）,双击"默认目录",选定"使用默认目录",输入或选择文件路径 E:\W50109901,单击"确定"按钮。

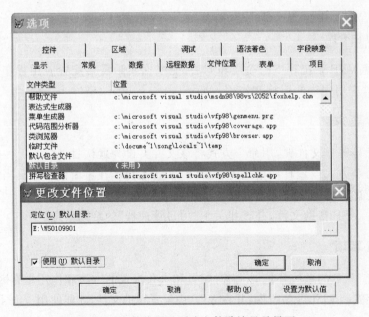

图 1.3　文件位置及更改文件默认目录界面

（8）打开"区域"选项卡,如图 1.4 所示,选定"年份",从"日期格式"下拉框中选择 ANSI。

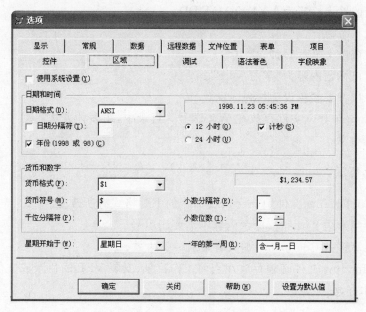

图1.4　设置日期格式界面

（9）打开"文件位置"选项卡，如图1.3所示，双击"帮助文件"，输入或选择文件路径及文件名（如：C:\Program Files\Microsoft Visual Studio\MSDN98\98VS\2052\Foxhelp.chm），单击"确定"→"设置为默认值"，单击"确定"按钮。将本次进入"选项"对话框中的全部配置设为永久配置。

（10）单击"帮助"→"Microsoft Visual FoxPro 帮助主题"，在"索引"选项卡上输入要查找的关键字："项目管理器"，进行查找相关信息。

5．思考题

（1）为什么要配置VFP系统环境？配置VFP系统环境有什么好处？

（2）配置VFP系统环境有哪几种途径？在实际应用过程中临时配置和永久配置有什么区别？

1.3　编写 Config.fpw 文件

1．实验目的

学习Config.fpw文件内容的书写格式和专用术语，掌握Config.fpw文件的位置对系统环境的影响。

2．实验要求

（1）以学生学号：W<学号>命名的文件夹设为文件默认路径。

（2）日期的输出格式为 YYYY.MM.DD。

（3）隐藏状态栏。

（4）在主窗口上显示时钟。

（5）主窗口标题内容为"学习 VFP"。

（6）主窗口背景颜色设为红色。

（7）将 Config.fpw 文件存放在 W＜学号＞目录中，用多种方法启动 VFP 系统，检验相关配置是否生效。

3. 注意事项

（1）在 Config.fpw 文件中，Set 开头命令的书写格式有所改变。

（2）用专用术语 Title 时，标题内容不需要用引号。

（3）如果写多条 Command，则只有最后一条生效。

（4）Config.fpw 文件必须存放在当前工作目录、安装 VFP 的目录或文件搜索路径三个位置之一才有效。

4. 实验步骤

（1）单击"开始"→"程序"→"附件"→"记事本"，在记事本编辑窗口中输入如下内容：

```
Default=E:\W50109901                         && 设置文件默认目录
Century=On                                   && 将日期型数据的年份设置成 4 位
Date=ANSI                                     && 将日期格式设置为 YYYY.MM.DD 格式
Status Bar=Off                               && 隐藏状态栏
Clock=On                                      && 在主窗口中显示时钟
Title=学习 VFP                                && 将主窗口标题改为"学习 VFP"
Command=_Screen.BackColor=RGB(255,0,0)        && 将主窗口背景颜色设为红色
```

（2）单击"文件"→"保存"，在"另存为"对话框中，从"保存在"下拉框中选择：W＜学号＞目录（如 E:\W50109901）；选择"保存类型"为"所有文件"；输入"文件名"为：Config.fpw。

（3）在 W＜学号＞目录（如 E:\W50109901）中，鼠标双击文件 DATA.DBC，启动 VFP 系统后，Config.fpw 中的配置全部生效。

（4）单击"开始"→"程序"→Microsoft Visual FoxPro 6.0→Microsoft Visual FoxPro 6.0，启动 VFP 系统后，Config.fpw 中的配置无效。

5. 思考题

（1）使用 Config.fpw 文件方式与其他方式配置 VFP 系统环境有什么区别？

（2）使用 Config.fpw 文件方式配置 VFP 系统环境，为什么属于临时配置？

（3）当 Config.fpw 文件放在 VFP 系统安装目录中时，是否在任何位置启动 VFP Config.fpw 中的配置全部都能生效？

1.4 项目管理器及其应用

1. 实验目的

学习在项目管理器中新建、添加、修改和移去各类型对象文件的过程和方法,掌握项目管理器组织应用程序中各类对象的基本要领。

2. 实验要求

(1) 创建项目文件 EXP1_4。

(2) 将数据库文件 DATA.DBC 添加到项目文件 EXP1_4 中。

(3) 在项目管理器中,新建表单文件 EXP1_4.SCX,运行效果如图 1.5 所示,输入圆的半径,单击"计算"按钮,显示该圆的面积,单击"退出"按钮,结束程序。

3. 注意事项

(1) 一个对象文件可以隶属于多个项目文件,一个项目文件可以包含多个对象文件。

(2) 从一个项目文件"移去"一个对象文件时,可以仅从项目文件中移出对象,也可以在移出对象的同时删除对象文件。

4. 实验步骤

(1) 在命令窗口中执行:

```
Set Default To E:\W50109901          && 设置文件默认目录
Create Project Exp1_4
```

(2) 在项目管理器中,选定"数据"选项卡中的"数据库",单击"添加"按钮,选定数据库 DATA,单击"确定"按钮,将其添加到项目文件中(如图 1.6 所示)。

图 1.5 计算圆的面积

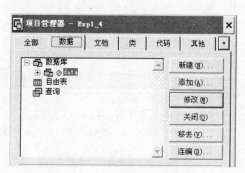

图 1.6 项目管理器

(3) 打开"文档"选项卡,选择"表单",→"新建",单击"新建表单"按钮,进入"表单设计器"。

（4）在"属性"窗口（如图 1.7 所示）中，选定 Caption 属性，并将其值改为：计算圆的面积，修改表单的标题。

（5）单击"表单控件"工具栏（如图 1.8 所示）中的"标签"工具，在表单上拖动鼠标，建立标签控件，在"属性"窗口中将 Label1 的 Caption 属性值改为"圆半径"。

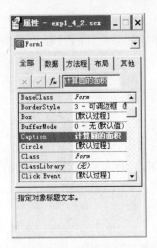

图 1.7 "属性"窗口

图 1.8 "表单控件"工具栏

（6）重复上述步骤，建立标签控件 Label2，在"属性"窗口中将其 Caption 属性值改为：圆面积。

（7）单击"表单控件工具栏"中的"文本框"工具，在表单的文本框 Text1 上，在"属性"窗口中将其 Value 属性值改为 0。

（8）重复上述步骤，建立文本框控件 Text2，在"属性"窗口中将其 Value 属性值改为：0。

（9）单击"表单控件工具栏"中的"命令按钮"工具，在表单上建立命令按钮控件 Command1，在"属性"窗口中将其 Caption 属性值改为："计算"。

（10）重复上述步骤，建立命令按钮控件 Command2，在"属性"窗口中将其 Caption 属性值改为：退出。

（11）双击 Command1（计算）控件，在代码编辑器中，选择过程 Click（事件），编写代码如图 1.9 所示。

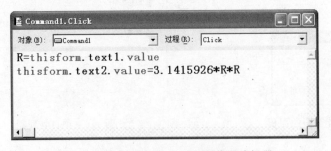

图 1.9 "Command1"的"Click"代码编辑器

（12）选择 Command2（退出）对象和 Click 过程，在代码编辑器，编写代码如下：

```
ThisForm.Release                    && 关闭表单
```

（13）单击"文件"→"保存"，在打开的"另存为"对话框中输入表单名：EXP1_4。

（14）在项目管理器中，选定表单 EXP1_4，单击"运行"按钮。

5. 思考题

（1）项目管理器的主要作用是什么？通过项目管理器组织对象有哪些益处？

（2）在项目管理器中可以运行哪些对象？可以浏览哪些对象？

（3）项目文件与对象文件之间的关系是什么？

（4）删除项目文件时，是否同时删除项目中的所有文件？如果删除了文件 EXP1_4.PJT，那么是否可以继续使用文件 EXP1_4.PJX？

第2章

VFP 表达式及应用

2.1　设置日期型数据的格式

1. 实验目的

验证相关日期设置命令对日期型数据格式的影响,掌握各种日期格式的设置方法。

2. 实验要求

在命令窗口中执行与日期相关的命令,测试日期型数据各种格式和使用规则,将输出结果与命令尾注释(&&)的内容进行比较。

3. 注意事项

(1) 一条命令中,各项之间至少用一个空格分开。命令中的关键字及各种专用符号(如运算符、单引号、双引号、圆括号、方括号、大括号等)一律以半角方式输入,英文字母不区分大小写。

(2) 日期型常数的格式要与当前系统的日期设置格式一致。

(3) 在输入各条命令时,可以不输入命令尾注释(&&)的内容;对短语(如 Strictdate 和 Century)可以仅输入前 4 个字母(如 Stri 和 Cent)。

4. 实验步骤

在命令窗口中依次执行如下命令。

```
Set Strictdate To 0          && 设置成传统日期格式
Set Date Ansi                && 输出日期格式为:年.月.日
Set Century On               && 输出日期的年份值用 4 位整数表示
X={10.05.01}                 && X 赋值成:2010 年 5 月 1 日
? X                          && 输出:2010.05.01
Set Strictdate To 1          && 设置成严格日期格式
Y={^2011/05/01}              && Y 赋值成:2011 年 5 月 1 日
? Y                          && 输出:2011.05.01
```

```
Set Mark To"-"
? {^2010/05/01}                           && 输出：2010-05-01
Set Mark To[.]
? {^2010/05/01}                           && 输出：2010.05.01
Set Mark To 'w'
? {^2010/05/01}                           && 输出：2010w05w01
Set Mark To
? {^2010/05/01}                           && 输出默认的分隔符,结果：2010.10.01
Set Century To 19 Rollover 10
Set Mark To"."
? Ctod("49.05.01")                        && 由于年份值 49>年份参照值 10,输出：1949.05.01
? Ctod("08.05.01")                        && 由于年份值 08<年份参照值 10,输出：2008.05.01
```

5. 思考题

(1) 日期型数据的输出格式有哪些？如何设置？

(2) 通过 Set Strictdate To 命令设置日期格式,对日期型常数有哪些影响？此命令的状态是否影响输出日期型数据的格式？

2.2　建立与清除内存变量

1. 实验目的

学习建立与清除内存变量的方法,了解清除内存变量的意义和作用。

2. 实验要求

先定义内存变量,再清除某些内存变量,通过输出命令测试内存变量的有效性。

3. 注意事项

(1) 为变量起名时要遵循变量的命名规则。

(2) 要恰当地使用变量名通配符"?"和" * ",以便正确清除或保留内存变量。

4. 实验步骤

在命令窗口中依次执行如下命令:

```
Close All                    && 关闭所有文件
M ="男"                      && 执行后 M 的值为：男,其数据类型为字符型
Store 2 * 3 To X,Y           && 执行后 X 和 Y 的值都是 6,数据类型都为数值型
Store 2 * 4 To X,Y,Z         && 执行后 X、Y 和 Z 的值都是 8,数据类型都为数值型
Release X                    && 清除内存变量 X
```

```
? Y                                          && 内存变量 Y 仍然存在,输出 8
? X                                          && 由于 X 被清除,系统提示:找不到变量 X
Store 1 To X,X1,X11,X12,Y,Y1,Y2,Y11,Y12,M1,M12,N1,N12
Release All Like Y?                          && 清除 Y、Y1 和 Y2
? Y11                                        && 变量 Y11 仍然有效,输出:1
Release All Like X*                          && 清除 X,X1,X11 和 X12
? X11                                        && X11 已被清除,系统提示:找不到变量 X11
Release All Except M*                        && 仅保留 M、M1 和 M12
? M,M1,M12                                   && 输出:男   1   1
Clear All                                    && 释放全部内存变量
```

5. 思考题

(1) 实验操作中变量名前都没有"M.",为什么能保证各个变量是内存变量而不是字段变量?

(2) 命令 Close All 和 Clear All 的功能异同点是什么?

2.3 数值表达式的应用

1. 实验目的

验证各种常用数值函数和输出命令的功能,掌握编写数值表达式的方法及规则。

2. 实验要求

(1) 计算 -12315 的绝对值除以 4 所得整数商与余数的乘积。

(2) 假设 $x=3$,按由小到大的顺序输出 $\sqrt[8]{x}$、$\ln x$ 和 $e^{x-1} \div 7$ 各表达式的值。

(3) 假设 $a=4,b=9,c=5$,输出表达式 $\dfrac{-b+\sqrt{b^2-4ac}}{2a}$ 的值。

(4) 假设 $X=5$,计算表达式 $\dfrac{\lceil X \div 2 \rceil +1}{\lfloor X \div 2 \rfloor -1} e^x$ 的值,分别输出四舍五入后的整数值和保留到小数点后 2 位的值。

(5) 计算字符串"中国的英文名是 China __英文缩写名为 CHN。"中第一个 C 后面的字符串长度。

3. 注意事项

(1) 执行某些函数(Sqrt 和 Log)时,要遵循数学中的有关规定。

(2) 在编写表达式时,要适当加小括号,确保数学意义中的运算优先级别。

（3）用半角空格代替下列操作中的"⎵"符号。

4. 实验步骤

（1）在命令窗口中执行命令：

```
X=-12315
? Int(Abs(X)/4) * (Abs(X)%4)                    && 输出：9234
```

（2）在命令窗口中执行命令：

```
X=3
XMIN=MIN(X^(1/8),Log(X),Exp(X-1)/7)             && 最小值存于 XMIN
XMAX=Max(X^(1/8),Log(X),Exp(X-1)/7)             && 最大值存于 XMAX
XT=X^(1/8)+Log(X)+Exp(X-1)/7                     && 3 个数值之和存于 XT
? XMIN,XT-XMIN-XMAX,XMAX                         && 输出：1.0556  1.0986  1.15
```

（3）在命令窗口中输入执行命令：

```
A=4
B=9
C=5
?(-B+Sqrt(B^2-4 * A * C))/(2 * A)                && 输出：-1.0000
```

（4）在命令窗口中执行命令：

```
X=5
Y=(Ceiling(X/2)+1)/(Floor(X/2)-1) * Exp(X)
? Round(Y,0)                                     && 输出：594
?? Round(Y,2)                                    && 接前一行输出：593.65
```

（5）在命令窗口中执行命令：

```
X="中国的英文名是 China⎵英文缩写名为 CHN。"
? Len(X)-At("C",X)                               && 输出：22
```

5. 思考题

（1）数值型函数的参数一定是数值型数据吗？一个函数作为另一个函数的参数时，先计算哪个函数值？

（2）在执行"?"或"??"命令输出多个表达式值时，用逗号分隔各个表达式，如果将此种逗号改为加号，则效果是否相同？在什么情况下此种逗号不能改为加号？

（3）将实验步骤 3 中的 B 值改为 7，将会产生什么问题？

2.4 字符表达式的应用

1. 实验目的

编写及调试字符型表达式,掌握字符型运算符和函数的运算规则。

2. 实验要求

(1) 由字符串"2010 年⌴中国上海世界博览会"生成"2010 上海世博会"。

(2) 将 "⌴Englishabc ⌴Englishxyz ⌴"分别转换成"ENGLISHABC"和"英语 ABC ⌴英语 XYZ"。

(3) 在 Set Strictdate To 0 的情况下,输出(1949/10/01)、[1949/10/01]、{1949/10/01}和 Time()的数据类型符号。

(4) 输出从零点到系统时间所经历的秒数。

3. 注意事项

在输入字符型常数时,要区分英文字母的大小写。

4. 实验步骤

(1) 在命令窗口中执行命令:

```
S="2010 年⌴中国上海世界博览会"
? Left(S,4)+Substr(S,12,6)+Substr(S,20,2)+Right(S,2)
                                        && 输出:2010 上海世博会
```

(2) 在命令窗口中执行命令:

```
S="⌴Englishabc ⌴Englishxyz ⌴"
? Ltrim(Left(Upper(S),11))              && 输出:ENGLISHABC
? Upper(Chrtran(Alltrim(S),"English","英语"))   && 输出:英语 ABC  英语 XYZ
```

(3) 在命令窗口中执行命令:

```
Set Strictdate To 0                     && 设置成传统日期格式
? Type("(1949/10/01)"),Type("[1949/10/01]")   && 输出:N  C
?? Type("{1949/10/01}"),Type("Time()")  && 按前行输出:D  C
```

(4) 在命令窗口中执行命令:

```
H=Val(Left(Time(),2))                   && 时数存于内存变量 H
M=Val(Substr(Time(),4,2))               && 分钟数存于内存变量 M
S=Val(Right(Time(),2))                  && 秒数存于内存变量 S
?"已过了"+Ltrim(Str(H*3600+M*60+S))+"秒钟"
```

5. 思考题

(1) 在执行"?"或"??"命令输出多个字符表达式的值时,用逗号分隔或"+"连接各个表达式,输出结果有什么区别?

(2) 如何通过函数 Left 和 Right 结合实现函数 Substr 的功能?

(3) Val、Str 和 Dtoc 都是数据类型转换函数,为什么有时需要对数据进行类型转换?

2.5　日期(日期时间)表达式的应用

1. 实验目的

验证日期(时间)函数及运算符的功能,掌握用日期型数据解决实际问题的方法和规则。

2. 实验要求

(1) 某人是 1949 年 10 月 1 日前第 580 天出生的,输出其出生日期,当天是星期几,当前已经出生天数,岁数,截止到 2012 年 2 月 29 日已经过的生日数。

(2) 假设开始上网的时间是:2010 年 9 月 15 日 18 时 32 分 45 秒,每分钟网费是 0.04 元。统计上网的分钟数(不足一分钟,按一分钟计算),计算上网的费用。

3. 注意事项

(1) 日期型数据之间只能进行减法运算,但日期型数据可以与数值型数据进行加或减法运算。

(2) 由于操作中使用了 Date 函数和 Datetime 函数,为了计算准确,应该使 Windows 系统的时钟与北京时间一致。

4. 实验步骤

(1) 在命令窗口中执行命令:

```
Set Century On
Set Date Ansi
X={^1949-10-1}-580                        && 出生日期存于 X
?"出生日期"+Dtoc(X)                        && 输出:出生日期 1948.02.29
?"星期"+Str(Dow(X),1)                      && 输出:星期 1(表示周日)
?"出生天数",Date()-X                       && 两个日期相减,得到之间的天数
?"年岁",Year(Date())-Year(X)              && 取两个日期的年份值后再相减
?"生日数",({^2012-2-29}-X)%365            && 输出:生日数 16
```

（2）在命令窗口中执行命令：

```
X=Ceiling((Datetime()-{^2010-9-15 18:32:45})/60)            && 输出：上网的分钟数
?"上网时间是：",X,"分钟"
?"上网费用：",X*0.04,"元"
```

5. 思考题

（1）在上述操作中，如果将 Set Century、Set Date 或 Set Strictdate To 命令设为不同的状态，则对操作结果有哪些影响？

（2）日期型数据与日期时间型数据能否进行"＋"或"－"运算？

2.6 关系和逻辑表达式的应用

1. 实验目的

编写和调试逻辑值表达式，掌握用关系或逻辑表达式实现逻辑判断的方法和技巧。

2. 实验要求

（1）将 $0 \leqslant \dfrac{x+1}{x-1} \leqslant 2$ 转换成 VFP 中的表达式，并用适当的 x 值测试表达式。

（2）假设 XM＝"李晓辉␣"，调试 XM 值与姓名中各文字的比较关系。

（3）确认某类人员的资格条件是：大于（含）22 岁的男生和大于（含）20 岁的女生，编写并用一组人员测试表达式。

（4）测试半角字符、全角字符、汉字之间的顺序关系。

（5）用多种方法判断日历上是否有某个日期。

3. 注意事项

（1）关系运算符可以对各类数据进行运算，但同一个运算符只能对相同的数据类型进行运算，运算结果为逻辑型数据。

（2）在运算符"＝＝"中，两个"＝"之间不能有空格。

（3）逻辑运算符两边需要用空格或圆点(.)作为分隔符，在表达式中适当加小括号可以改变运算的优先级别，得到不同的运算结果。

4. 实验步骤

（1）在命令窗口中执行命令：

```
X=2
? (X+1)/(X-1)>=0 And (X+1)/(X-1)<=2            && 输出：.F.
X=3
```

```
?  (X+1)/(X-1)>=0 And(X+1)/(X-1)<=2                          && 输出：.T.
```

（2）在命令窗口中执行命令：

```
XM="李晓辉␣"
? XM$"晓辉","晓辉"$XM,"李辉"$XM,"李"$XM And "辉"$XM          && 输出：.F..T..F..T.
? At(XM,"晓辉")>0,At("晓辉",XM)>0,At("李辉",XM)>0           && 输出：.F..T..F.
? Like('＊晓辉＊',XM),Like('李＊辉？',XM),Like(XM,'李＊辉？')    && 输出：.T..T..F.
Set Exact On                                                && 设置精确比较
? XM="李","李"=XM,XM="晓辉",XM="李晓辉","李晓辉"=XM          && 输出：.F..F..F..T..T.
Set Exact Off                                               && 设置非精确比较
? XM="李","李"=XM,XM="晓辉",XM="李晓辉","李晓辉"=XM          && 输出：.T..F..F..T..F.
? XM=="李晓辉","李晓辉"==XM                                 && 输出：.F..F.
```

（3）在命令窗口中执行命令：

```
Dimension NX(3,2)
NX="男"
NX(1,1)=21
NX(2,1)=25
NX(3,1)=21
NX·(3,2)="女"
? NX(1,1)>=22 And NX(1,2)="男" Or NX(1,1)>=20 And NX(1,2)="女"     && 输出：.F.
? NX(2,1)>=22 And NX(2,2)="男" Or NX(2,1)>=20 And NX(2,2)="女"     && 输出：.T.
? NX(3,1)>=22 And NX(3,2)="男" Or NX(3,1)>=20 And NX(3,2)="女"     && 输出：.T.
```

（4）在命令窗口中执行命令：

```
Set Collate To"Machine"              && 按机内码进行比较
?"9"<"A","a"<"Y","z"<"阿"            && 输出：.T..F..T.,其中字符为半角符号
?"B"<"X","Z"<"阿"                    && 输出：.F..T.,其中 B 和 Z 为全角符号
Set Collate To 'PinYin'              && 按拼音进行比较
? '9'<'A','a'<'Y','z'<'阿'           && 输出：.T..T..T.,其中字符为半角符号
? [B]<[X],[Z]<[阿]                   && 输出：.T..T.,其中 B 和 Z 为全角符号
```

（5）在命令窗口中输入并执行如下命令：

```
Set Date Ansi                                  && 输出日期格式为：年.月.日
Set Century On                                 && 输出日期的年份值用 4 位整数表示
? Dtoc(Ctod("2011.02.29"))="2011.02.29"        && 输出：.F.
? Dtoc(Ctod("2012.02.29"))="2012.02.29"        && 输出：.T.
? Year(Ctod("2012.04.31"))=2012                && 输出：.F.
? Year(Ctod("2012.05.31"))=2012                && 输出：.T.
```

5．思考题

（1）精确与非精确比较对哪些数据类型有影响？它们的比较规则有哪些异同点？非精确比较的实用价值是什么？

（2）将实验步骤 3 中的各个逻辑表达式改为：NX(1,i)＞＝22 Or NX(i,1)＞＝20 And NX(i,2)="女",(i＝1,2,3),是否与原表达式功能相同？为什么？

（3）在各种"排序次序"中,对字符型数据进行比较的异同点是什么？

（4）按照 VFP 的比较规则进行比较,年龄越大,其对应的出生日期(日期型数据)值越大吗？

2.7　宏替换及数组的应用

1. 实验目的

调试宏替换及数组的应用条件和限制,掌握宏替换及数组的作用、应用过程和方法。

2. 实验要求

（1）建立二维数组 KC(4,6),存储课程表中(如表 2.1 所示)相关内容。

表 2.1　课程表

课节/星期	周一	周二	周三	周四	周五
第一节	英语	高等数学	大学计算机基础	英语	马克思主义基本原理
第二节	大学计算机基础	马克思主义基本原理	英语	高等数学	体育
第三节	体育	大学计算机基础	军事理论	线性代数	高等数学

（2）输出每天的第一节课程名和周三的全部课程名。

（3）用宏替换的方式输出内存变量的值。

3. 注意事项

必须先执行 Dimension 命令声明数组,再使用数组。

4. 实验步骤

（1）在命令窗口中执行命令声明数组,并为各个元素赋值：

```
Dimension KC(4,6)            && 声明二维数组 KC：4 行 6 列,共 24 个元素
KC(1,1)="课节/星期"          && 以下为各个元素赋值
KC(1,2)="周一"
KC(1,3)="周二"
KC(1,4)="周三"
KC(1,5)="周四"
KC(1,6)="周五"
KC(2,1)="第一节"
KC(3,1)="第二节"
```

```
KC(4,1)="第三节"
Store "英语" To KC(2,2),KC(3,4),KC(2,5)
Store "高等数学" To KC(2,3),KC(3,5),KC(4,6)
Store "大学计算机基础" To KC(3,2),KC(4,3),KC(2,4)
Store "马克思主义基本原理" To KC(3,3),KC(2,6)
Store "体育" To KC(4,2),KC(3,6)
KC(4,4)="军事理论"
KC(4,5)="线性代数"
```

（2）在命令窗口中执行命令，引用数组中各个元素：

```
? KC(2,1)+"⎵"+KC(2,2)+"⎵"+KC(2,3)+"⎵"+KC(2,4)+;
    "⎵"+KC(2,5)+"⎵"+KC(2,6)              && 输出每天第一节的课程名
? KC(1,4),KC(2,4)                        && 输出：周三 大学计算机基础
?? "⎵",KC(3,4),KC(4,4)                   && 接前行输出：英语 军事理论
```

（3）在命令窗口中执行命令，测试宏替换：

```
第一节="5门课程"
周一=3
? &KC(1,2),KC(2,1)+":"+&KC(2,1)          && 输出：3  第一节：5门课程
```

5．思考题

（1）一般在什么情况下使用二维数组？

（2）在 VFP 中，是否允许给数组名赋值？是否允许引用数组名？元素 KC(10) 中的值是什么？

2.8 保存与恢复内存变量

1．实验目的

验证 Save 和 Restore 命令的功能，掌握保存与恢复内存变量的方法及作用。

2．实验要求

（1）定义一些内存变量及数组。

（2）将某些内存变量保存到文件中，再将其恢复到内存中，并查看其信息。

3．注意事项

恰当使用变量名通配符"＊"和"?"，以便表示某些内存变量。

4．实验步骤

（1）在命令窗口中执行命令：

```
Clear Memory
```

```
Dimension XJ(3)
X="英语"
X1={^2010/12/01}
X12=.T.
Y1=Date()
Store 3 To Y,Z
XJ(1)=66
XJ(2)=83
XJ(3)=72
Save To MA                              && 将当前所有内存变量保存到文件 MA.MEM 中
Save To MB All Like X?                  && 将 X、X1 和数组 XJ 保存到文件 MB.MEM 中
Save To MC All Except X*                && 将 Y、Y1 和 Z 保存到 MC.MEM 中
```

(2) 重启 VFP 后,在命令窗口中执行命令:

```
Restore From MA                         && 恢复所有内存变量
Display Memory                          && 显示内存变量信息
```

(3) 重启 VFP 后,在命令窗口中执行命令:

```
XX=0
Restore From MB                         && 恢复变量 X、X1 和数组 XJ,清除 XX
Display Memory                          && 显示内存变量信息,仅含 X、X1 和数组 XJ
XX=0
Restore From MB Additive                && 恢复变量 X、X1 和数组 XJ,保留 XX
Display Memory                          && 显示内存变量信息,含 X、X1、XX 和数组 XJ
Restore From MC                         && 恢复变量 Y、Y1 和 Z
Display Memory                          && 仅显示 Y、Y1 和 Z 的信息
```

5. 思考题

(1) 执行 Restore 命令恢复内存变量时,对当前内存中的变量有何影响?
(2) 重启计算机后,使用 Restore 命令是否还可以恢复内存变量?

第3章

数据库的建立与维护

3.1　建立学生信息数据库

1. 实验目的

学习建立数据库的过程和方法,掌握数据库的基本概念。

2. 实验要求

按学号建立文件夹,在该文件夹中建立数据库文件 XSXX.DBC。

3. 注意事项

(1) 在建立数据库文件时,如果省略路径,则在文件默认目录中保存数据库文件。

(2) 当要建立的数据库文件已经存在时,在 Set Safety On 状态下,系统将进行提示;在 Set Safety Off 状态下,系统将自动覆盖原数据库文件。

4. 实验步骤

(1) 在 Windows 的资源管理器中,学生按自己的学号建立文件夹,如 E:\ W50109901,用于保存数据库文件。

(2) 在命令窗口中执行命令:

```
Set Default To E:\W50109901        && 设置文件默认目录
Create DataBase XSXX               && 建立数据库文件 XSXX.DBC,并成为当前数据库
```

5. 思考题

(1) 执行创建数据库命令时,如果给出的路径不存在,则会产生什么问题?

(2) 创建数据库 XSXX 后,系统生成几个文件? 各是什么文件?

3.2 创建与维护数据库表

1. 实验目的

学习创建与维护数据库表的过程和方法,掌握字段的数据类型、宽度和有效性规则的意义和作用。

2. 实验要求

在 XSXX 数据库中建立学生表、成绩表和课程表,如表 3.1～表 3.3 所示。

表 3.1 学生表(XSB)结构

字段名	类型	宽度	小数位数	有效性规则	默认值
学号	字符型	8			
姓名	字符型	8			
性别码	字符型	1		性别码 $ "12"	"1"
出生日期	日期型	8		出生日期<=Date()	Date()
民族码	字符型	2			
简历	备注型	4			
照片	通用型	4			

表 3.2 成绩表(CJB)结构

字段名	类型	宽度	小数位数	有效性规则	默认值
学号	字符型	8			
课程码	字符型	6			
考试成绩	数值型	5	1	考试成绩>=0 and 考试成绩<=100	0
课堂成绩	数值型	5	1	课堂成绩>=0 and 课堂成绩<=20	0
实验成绩	数值型	5	1	实验成绩>=0 and 实验成绩<=20	0
重修	逻辑型	1			

表 3.3 课程表(KCB)结构

字段名	类型	宽度	小数位数	有效性规则	默认值
课程码	字符型	6			
课程名	字符型	30			
学分	整型	4		学分>=1 and 学分<=5	1

3. 注意事项

(1)有当前数据库时,所建立的表为数据库表并归属于当前数据库。

(2)对定义了有效性规则的字段,其默认值应该符合该有效性规则,并且,有效性规则表达式中的符号一律用半角输入。

4. 实验步骤

(1) 在命令窗口中执行命令：

```
Set Default To E:\W50109901        && 设置文件默认目录
Open DataBase XSXX                 && 打开 XSXX 数据库,同时设为当前数据库
Create XSB                         && 建立表文件 XSB.DBF,按表 3.1 输入各个字段信息
```

在数据库表设计器(如图 3.1 所示)中,输入字段名,选择类型,输入字符型和数值型字段的宽度,填写有效性规则和默认值。

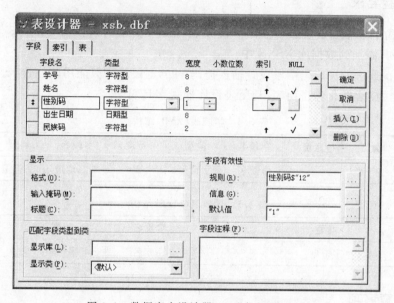

图 3.1　数据库表设计器——"字段"选项卡

(2) 按 Ctrl＋W 键保存表,在系统提示"现在输入数据记录吗?"时,单击"否"按钮,暂时不输入表中记录。

(3) 在命令窗口中执行命令：

```
Create CJB            && 建立表文件 CJB.DBF,按表 3.2 输入各个字段信息
Create KCB            && 建立表文件 KCB.DBF,按表 3.3 输入各个字段信息
```

5. 思考题

(1) 在表设计器中,除设计字段的数据类型、宽度、默认值和有效性规则外,还能进行哪些操作? 建立包含备注或通用型字段的表时,系统将产生哪些文件?

(2) 字段的有效性规则何时起作用? 如果字段的默认值不符合有效性规则的要求会产生什么问题?

3.3 数据库表与自由表转换

1. 实验目的

学习创建自由表的方法,了解数据库表与自由表的异同,掌握数据库表和自由表之间的转换过程和方法。

2. 实验要求

(1) 建立自由表:学院表(XYB)和民族表(MZB)的结构如表 3.4 和表 3.5 所示,创建完成后将其添加到数据库 XSXX 中。

(2) 为民族表的民族码字段设置输入掩码:99,即民族码只能用两位数字。

(3) 将民族表转化为自由表,利用表设计器观察其变化。

表 3.4 学院表(XYB)结构

字段名	类型	宽度	字段名	类型	宽度	字段名	类型	宽度
学院码	字符型	2	学院名	字符型	20	学院地址	字符型	20

表 3.5 民族表(MZB)结构

字段名	类型	宽度	字段名	类型	宽度
民族码	字符型	2	民族名	字符型	20

3. 注意事项

(1) 没有当前数据库时建立的表为自由表。

(2) 数据库表移出数据库变为自由表时,其长字段名、默认值和有效性规则等信息均自动删除,再将其转为数据库表后,需要重新设置这些内容。

(3) 一个表只属于一个数据库,要将表从一个数据库转到另一个数据库中,需要先将其转为自由表,再将其添加到另一个数据库中。

4. 实验步骤

(1) 在命令窗口中执行命令:

```
Set Default To E:\W50109901        && 设置文件默认目录
Close All                          && 关闭所有文件
Create XYB                         && 建立表文件 XYB.DBF,按表 3.4 输入各个字段信息
Create MZB                         && 建立表文件 MZB.DBF,按表 3.5 输入各个字段信息
```

(2) 在命令窗口执行命令:

```
Close All                          && 关闭所有文件
```

```
Open Database XSXX          && 打开数据库,并设置为当前数据库
Add Table XYB               && 将 XYB 添加到当前数据库中
Add Table MZB               && 将 MZB 添加到当前数据库中
Use MZB                     && 打开 MZB
Modify Structure            && 进入表设计器
```

在表设计器窗口中,单击民族码字段,在"显示"选项的"输入掩码"中输入:99,单击"确定"按钮,在提示对话框中单击"是"按钮,保存表。

(3) 在命令窗口执行命令:

```
Close All                   && 关闭所有文件
Open Database XSXX          && 打开 XSXX 数据库,并设置为当前数据库
Remove Table MZB            && 将 MZB 移出当前数据库 XSXX
Use MZB                     && 打开 MZB
Modify Structure            && 进入表设计器,观察变化的内容
```

5. 思考题

(1) 数据库表设计器与自由表设计器有哪些异同点?

(2) 将数据库表转为自由表后丢失了哪些信息?

(3) 除了命令方式外,数据库表与自由表的相互转换还有哪些方法?

3.4 数据库中的数据维护

1. 实验目的

测试 VFP 的 Append、Browse 和 Delete 等命令的功能,掌握表中数据维护的方法。

2. 实验要求

(1) 将表 3.6~表 3.10 中的数据输入到对应的数据库表中。

表 3.6 学生表(XSB)

学 号	姓名	性别码	出生日期	民族码	简历	照片
22080101	马伟立	1	1987-10-12	04	Memo	Gen
11090102	赵晓敏	2	1988-5-1	01	Memo	Gen
22100103	郭美丽	2	1989-5-1	01	Memo	Gen
22060104	李军伟	2	1987-1-2	01	Memo	Gen
22070105	王伟	1	1988-10-1	02	Memo	Gen
11100101	刘国庆	1	1992-10-1	03	Memo	Gen
11070103	马晓军	1	1988-8-1	01	Memo	Gen
⋮	⋮	⋮	⋮	⋮	⋮	⋮

表 3.7　成绩表（CJB）

学　号	课程码	考试成绩	课堂成绩	实验成绩	重修
11090102	010101	49	5	8	F
11090102	010201	54	16	0	T
11100101	010101	66	10	9	F
11100101	010102	74	4	7	F
22080101	010302	55	10	10	T
22080101	010201	55	19	0	T
22080101	010303	44	13	9	T
22070105	010302	34	9	8	F
22070105	010102	46	10	8	F
22100103	010101	67	9	9	F
⋮	⋮	⋮	⋮	⋮	⋮

表 3.8　民族表（MZB）

民族码	民族名	民族码	民族名	民族码	民族名	民族码	民族名	民族码	民族名
01	汉族	02	蒙古族	03	回族	04	藏族	⋮	⋮

表 3.9　课程表（KCB）

课程码	课程名	学分	课程码	课　程　名	学分
010101	大学计算机基础	4	010302	线性代数	4
010201	大学英语	3	010102	数据库及程序设计	3
010303	高等数学	4	⋮	⋮	⋮

表 3.10　学院表（XYB）

学院码	学院名	学院地址	学院码	学院名	学院地址
22	法学院	逸夫教学楼	12	文学院	翠文楼
11	物理学院	理化楼	⋮	⋮	⋮

（2）通过命令自动将重修学生的实验成绩合并到课堂成绩中，实验成绩填成 0。

（3）将每个学生的图像文件（BMP 或 JPG）填写到照片字段中。

（4）物理删除 2007 年及以前入学（学号的第 3、4 位为入学年份的后两位）的学生记录。

3. 注意事项

（1）在向各表输入数据时，主属性（如学号、课程码、民族码和学院码）的值不能为空；关键字的值不能重复。

（2）输入日期型数据时，日期格式与 Set Date 和 Set Century 命令的设置有关。

（3）执行 Delete 命令只能逻辑删除记录，还需要执行 Pack 命令进行物理删除。

4. 实验步骤

(1) 在命令窗口中执行下列命令,输入各个表中的数据。

```
Set Default To E:\W50109901        && 设置文件默认目录
Set Date ANSI                      && 设置日期格式:年.月.日
Set Century On                     && 用 4 位显示日期型数据中的年份
Use XSB                            && 打开学生表 XSB
Append                             && 按表 3.6 输入各个记录
Use CJB                            && 打开成绩表 CJB
Append                             && 按表 3.7 输入各个记录
Use MZB                            && 打开民族表 MZB
Append                             && 按表 3.8 输入各个记录
Use KCB                            && 打开课程表 MZB
Append                             && 按表 3.9 输入各个记录
Use XYB                            && 打开学院表 XYB
Append                             && 按表 3.10 输入各个记录
Close All
```

(2) 在命令窗口中执行下列命令,修改重修学生的实验成绩和课堂成绩。

```
Use CJB                            && 打开成绩表 CJB
Replace 课堂成绩 With 课堂成绩+ 实验成绩,实验成绩 With 0 For 重修
Close All
```

(3) 在命令窗口中执行下列命令,将学生的图像文件填写到照片字段中。

```
Use XSB                            && 打开学生表 XSB
Browse                             && 进入数据浏览窗口,可以查看和修改数据
Close All
```

在数据浏览窗口中,按下列操作过程可以向通用型字段(Gen)输入图像:启动 Windows 中的"画图"软件,打开图像文件(BMP 或 JPG),将其送入剪贴板(选定图像后再"复制"),在数据浏览窗口中用鼠标双击通用型字段(Gen),再选择"编辑"→"粘贴",最后按 Ctrl+W 键保存数据。

(4) 在命令窗口中执行下列命令,物理删除记录。

```
Use XSB                            && 打开学生表 XSB
Delete For Substr(学号,3,2)<="07"    && 逻辑删除 2007 年及以前入学的学生记录
Pack                               && 物理删除已经被逻辑删除的记录
Use CJB                            && 打开成绩表 CJB
Delete For Substr(学号,3,2)<="07"    && 逻辑删除 2007 年及以前入学的成绩记录
Pack                               && 物理删除已经被逻辑删除的记录
Close All
```

5．思考题

（1）如何向备注型字段中输入数据？

（2）在输入学生的出生日期时，是否能输入系统日期以后的日期？为什么？

（3）如何隐藏逻辑删除的记录？如何将逻辑删除的记录还原成正常的记录？

3.5 索引及其应用

1．实验目的

学习建立索引的方法和过程，掌握 VFP 中索引的类型、索引文件的类型及索引对表中数据的控制作用。

2．实验要求

（1）在学生表（XSB）中，以学号为关键字（主键）建立主索引，分别以民族码和学号前两位（学院码）为关键字建立普通索引；在成绩表（CJB）中，以学号＋课程码为关键字（主键）建立主索引，再分别以学号和课程码为关键字建立普通索引；在课程表（KCB）中，以课程码为关键字（主键）建立主索引；在民族表（MZB）中，以民族码为关键字（主键）建立主索引；在学院表（XYB）中，以学院码为关键字（主键）建立主索引。这些索引都存放于对应表的结构索引文件中。

（2）在学生表（XSB）中，以姓名为关键字建立普通索引，存放于非结构复合索引文件 XSB_SY.CDX 中。

（3）按数据输入顺序、学号由小到大的顺序和民族码由大到小的顺序分别输出少数民族（非汉族）的学生信息。

3．注意事项

（1）在 VFP 中，只能在表设计器中对数据库表建立主索引，如果表中关于主关键字的值有重复记录，则不能建立主索引或候选索引。

（2）结构索引文件随着表的打开自动打开，非结构复合索引文件和独立索引文件需要通过命令打开。

（3）对一个表可以打开多个索引（文件），只有排序索引对表中的记录才有控制排序的作用，在某一时刻可以没有排序索引，或者只能设置一个排序索引。

4．实验步骤

（1）在命令窗口中执行下列命令，输入各个表中的数据。

```
Set Default To E:\W50109901          && 设置文件默认目录
Use XSB                              && 打开学生表
```

```
Modify Structure                    && 进入表设计器建立相关索引,存于结构索引文件中
```

在表设计器的"字段"选项卡中,从学号和民族码字段的"索引"列中选择"升序";在"索引"选项卡中,选择学号的索引"类型"为"主索引",再建立学院码索引,如图 3.2 所示。用类似的操作过程为其他表建立索引。

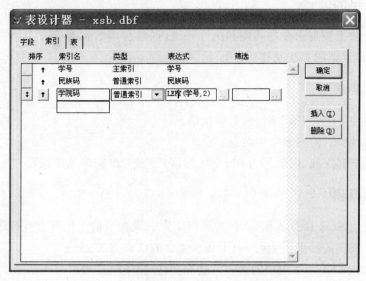

图 3.2　数据库表设计器—"索引"选项卡

(2) 在系统命令窗口中执行命令:

```
Use XSB                             && 打开学生表
Index On 姓名 Tag XM Of XSB_SY
```

建立索引:关键字为姓名,索引名为 XM,类型为普通索引,存放于非结构复合索引文件 XSB_SY.CDX 中。

(3) 在系统命令窗口中执行命令:

```
Use XSB Index XSB_SY            && 打开学生表,同时打开 XSB.FPT、XSB.CDX 和 XSB_SY.CDX
Browse For 民族码<>"01"              && 按数据输入(记录号由小到大)顺序浏览学生信息
Set Order To 学号                    && 设置排序索引为:学号
Display For 民族码<>"01"             && 按学号由小到大顺序输出学生信息
Set Order To 民族码 Descending       && 设置排序索引为:民族码,降序排列
List For 民族码<>"01"                && 按民族码由大到小顺序输出学生信息
Close All                          && 关闭所有文件
```

5. 思考题

(1) 在 VFP 系统中,索引文件有几种形式?怎样理解主索引与候选索引的关系?

(2) 在有排序索引的情况下,执行 Copy 命令复制数据记录,将会得到怎样的操作结果?执行 Skip 或 Go Top 命令,记录指针将移到哪个记录上?

3.6　数据查询及其应用

1. 实验目的

测试各类数据查询命令的功能和执行环境,训练利用数据查询命令解决实际问题的能力,掌握查询数据的方法及技巧。

2. 实验要求

(1) 输出姓名中含"军"字的两名学生信息。
(2) 输出姓"马"的一名学生信息。
(3) 输出全部汉族(民族码为01)学生的信息,要考虑输出速度问题。

3. 注意事项

(1) 在使用 Seek 命令或函数时,需要指定索引或在当前工作区中有排序索引。
(2) 数据查询的结果可能与 Set Exact 命令的状态有关。
(3) Seek 与加 While 短语的 List(或 Display)命令结合输出某些记录,可以大幅度提高数据查找的速度。

4. 实验步骤

(1) 在命令窗口中执行命令:

```
Set Default To E:\W50109901    && 设置文件默认目录
Use XSB                        && 打开学生表,同时打开 XSB.FPT 和 XSB.CDX,但无排序索引
Locate For "军"$姓名           && 查姓名中含"军"字的第 1 个记录
? Found(),Eof()                && 输出:.T. .F.,表示找到姓名中含"军"字的第 1 个记录
Display                        && 输出姓名中含"军"字的第 1 个记录
Continue                       && 查姓名中含"军"字的下 1 个记录
? Found(),!Eof()               && 输出:.T. .T.,表示找到姓名中含"军"字的第 2 个记录
Display                        && 输出姓名中含"军"字的第 2 个记录
Use                            && 关闭当前表
```

(2) 在命令窗口中执行命令:

```
Set Exact On                   && 设置精确比较
Use XSB Index XSB_SY           && 打开学生表,同时打开 XSB.FPT、XSB.CDX 和 XSB_SY.CDX
Seek "马"                      && 命令执行环境不正确,系统提示:表没有设置排序索引
Set Order To XM                && 设置排序索引 XM(关键字为:姓名)
Seek "马"                      && 查找姓"马"的第 1 个学生记录
? Found(),!Eof()               && 输出:.F. .F.,在精确比较状态下找不到
Set Exact Off                  && 设置非精确比较
```

```
Seek "马"                    && 查找姓"马"的第 1 个学生记录
? Found(),!Eof()            && 输出：.T. .T.,在非精确比较状态下找到了
Display                      && 输出第 1 个姓"马"的学生记录
Use                          && 关闭当前表
```

（3）在命令窗口中执行命令：

```
Use XSB Order 民族码         && 打开 XSB.DBF、XSB.FPT 和 XSB.CDX,排序索引：民族码
Seek "01"                    && 查找汉族学生中的第 1 个记录
Display While 民族码="01"    && 输出全部汉族学生的记录
Use                          && 关闭当前表
```

5. 思考题

（1）Locate For 和 Seek 命令都具有查找数据功能,在编写查找条件方面两条命令有什么区别？哪条命令查找速度更快？哪条命令要求有排序索引？如果要查找考试成绩在 60～74 分之间的学生,应该用哪条命令？

（2）查找满足 Locate For 命令条件的下一条记录的命令是 Continue,查找满足 Seek 命令条件的下一条记录的命令是什么？如何判断是否有下一条记录？

3.7　数据统计与分析

1. 实验目的

测试数据统计命令的功能和适用范围,掌握统计和分析实际问题的方法和技巧。

2. 实验要求

（1）输出 XSB 表中的记录总数、可操作记录个数和少数民族学生数。

（2）输出 010102 课程的正修（非重修）选课人数、平均分、最高分和最低分。

（3）输出每个学生的选课门数、总分和平均分。

3. 注意事项

（1）可操作记录受当前是否隐藏逻辑删除记录（Set Deleted On|Off）和筛选记录条件（Set Filter To<条件>）的影响。

（2）在执行 Total…On<分组关键字>前,当前工作区应该按分组关键字的值排序（或是排序索引）。

4. 实验步骤

（1）在命令窗口中执行命令：

```
Set Talk Off                              && 不输出中间结果
```

```
Clear                                  && 清除主窗口中的信息
Set Default To E:\W50109901            && 设置文件默认目录
Set Deleted On                         && 隐藏逻辑删除的记录,使其变为不可操作的记录
Use XSB                                && 打开 XSB,同时打开 XSB.FPT 和 XSB.CDX
Count To X                             && 可操作的记录数存于变量 X 中
Count For 民族码<>"01" To Y             && 少数民族学生数存于变量 Y 中
?"记录总数: ",Str(RecCount(),5)         && 若没有隐藏记录,则 RecCount()与 X 值一致
??"可操作记录数: ",Str(X,5),"少数民族学生数: ",Str(Y,5)
Use                                    && 关闭当前表
```

(2) 在命令窗口中执行命令:

```
Set Talk Off
Set Safety Off                         && 新建立的文件已经存在时,系统自动覆盖
Clear
Use CJB                                && 打开 CJB,同时打开 CJB.CDX
Index On 考试成绩+课堂成绩+实验成绩 To TMP  && 建立总成绩升序索引,并成为排序索引
Set Deleted On                         && 隐藏逻辑删除的记录,使其变为不可操作的记录
Set Filter To 课程码="010102" And !重修   && 使满足条件的记录变为可操作的记录
Sum 1,考试成绩+课堂成绩+实验成绩 To X,Y    && X 存人数,Y 存所有记录的成绩和
?"选课人数: ",Str(X,5),"平均分: ",Str(Y/X,5,2)
Go Bottom                              && 使当前记录为正修 010102 课程最高分的记录
?"最高分: ",Str(考试成绩+课堂成绩+实验成绩,3)
Go Top                                 && 使当前记录为正修 010102 课程最低分的记录
??"最低分: ",Str(考试成绩+课堂成绩+实验成绩,3)
Browse                                 && 进入数据浏览窗口,可以检验统计结果
Use                                    && 关闭当前表,并取消筛选条件(Set Filter To)
```

(3) 在命令窗口中执行命令:

```
Set Safety Off                         && 新建立的文件已经存在时,系统自动覆盖
Use CJB Order 学号                     && 打开 CJB.DBF 和 CJB.CDX,排序索引: 学号
Copy To XHPX                           && 将 CJB.DBF 中的记录按学号升序复制到 XHPX.DBF 中
Use XHPX                               && 打开 XHPX.DBF,同时关闭 CJB.DBF
* 考试成绩字段存一门课程的总成绩,课堂成绩字段存选课门数:1
Replace All 考试成绩 With 考试成绩+课堂成绩+实验成绩,课堂成绩 With 1
Total On 学号 To TJ Fields 考试成绩,课堂成绩   && 按学号分组统计结果存于表 TJ
Use TJ                                 && 打开 TJ.DBF,同时关闭 XHPX.DBF
* 输出每个学生的学号、选课门数、总分和平均分
List 学号,Str(课堂成绩,2),Str(考试成绩,5),Str(考试成绩/课堂成绩,5,2)
Use                                    && 关闭当前表
```

5. 思考题

(1) 如何用 Sum 命令完成 Count 和 Average 命令的功能?

(2) 如果当前表中有隐藏的逻辑删除记录(Set Deleted Off),设置了筛选记录条件

(Set Filter To<条件>),并且排序索引有 For<条件>,则哪些是可操作的记录?

(3) 在执行 Total … On<分组关键字>时,如果当前工作区中的记录既没有按分组关键字的值排序,也没有排序索引,则可能产生什么问题?

3.8 表间关联及其应用

1. 实验目的

学习建立表间永久关联和临时关联的过程和方法,掌握表间关联的条件和作用。

2. 实验要求

(1) 在 XSXX 数据库中,对学生表(XSB)、成绩表(CJB)、课程表(KCB)、民族表(MZB)和学院表(XYB)进行永久关联,如图 3.3 所示。

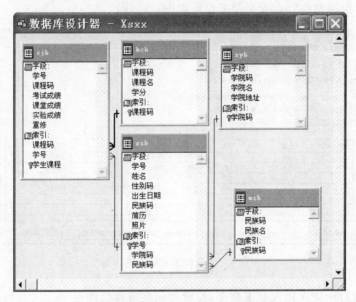

图 3.3 数据库设计器—表间关联

(2) 建立各表之间的参照完整性,对 XSB 和 KCB 中数据进行修改、删除等操作,观察 CJB 中数据的变化。

(3) 输出每名学生的课程及成绩情况。

3. 注意事项

(1) 只有同一个数据库中的表之间才能建立永久关联。拖动父表的主索引或候选索引到子表的相关索引上即可建立关联。

(2) 建立表之间关联时,不要产生关联环。

(3) 当表之间建立了参照完整性后,修改或删除某个表中的数据时,可能影响其他表中的数据;在某个表中增加新记录时,可能受到限制。

4. 实验步骤

(1) 在命令窗口中执行命令:

```
Set Default To E:\W50109901                    && 设置文件默认目录
Open DataBase XSXX                             && 打开数据库
Modify DataBase                                && 进入数据库设计器,建立表间永久关联
```

在数据库设计器中,建立表间永久关联:
- 鼠标拖动 XSB 中的"学号"索引到 CJB 中的"学号"索引。
- 鼠标拖动 KCB 中的"课程码"索引到 CJB 中的"课程码"索引。
- 鼠标拖动 XYB 中的"学院码"索引到 XSB 中的"学院码"索引。
- 鼠标拖动 MZB 中的"民族码"索引到 XSB 中的"民族码"索引。

(2) 在数据库设计器中,单击"数据库"→"清理数据库"。从表间关联线的右击菜单中选择"编辑参照完整性",设置参照完整性如图 3.4 所示。

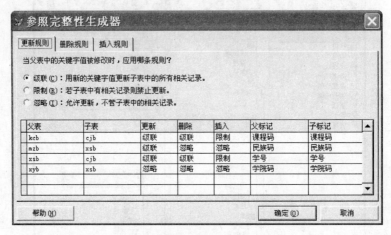

图 3.4　编辑参照完整性生成器

在 VFP 窗口中依次输入如下命令,检验参照完整性的作用。

```
Use KCB                    && 打开课程表
Replace 课程码 With "01030B" For 课程码= "010302"        && 修改 KCB 中关键字的值
Use CJB                                                  && 打开成绩表
Browse                     && 浏览成绩表中记录,原课程码为 010302 的记录,已经变为 01030B
Set Deleted Off                           && 设置使用逻辑删除的记录
Use KCB                    && 打开课程表
Delete For 课程码= '01030B'               && 逻辑删除 KCB 中课程码为 01030B 的记录
Use CJB                                   && 打开成绩表
Display All                && 输出所有记录,CJB 中课程码为 01030B 的记录带有逻辑删除标记
Close All                  && 关闭所有文件
```

(3) 在命令窗口中执行命令：

```
Use KCB Order 课程码 In 1          && 在第 1 个工作区中打开 KCB,排序索引为课程码
Use MZB Order 民族码 In 2          && 在第 2 个工作区中打开 MZB,排序索引为民族码
Use CJB Order 学号 In 3            && 在第 3 个工作区中打开 CJB,排序索引为学号
Select 4                          && 选定第 4 个工作区为当前工作区
Use XSB                           && 在第 4 个工作区中打开 XSB
Display All 学号,姓名,A.课程名,B.民族名,C.考试成绩
* 输出结果：学号、姓名与课程名、民族名、考试成绩不对应
Set Relation To 民族码 Into B,学号 Into C
* XSB 通过民族码与 MZB 建立临时关联,通过学号与 CJB 建立临时关联
Select 3                          && 选定第 3 个工作区 (CJB) 为当前工作区
Set Relation To 课程码 Into A      && CJB 通过课程码与 KCB 建立临时关联
Select 4                          && 选定第 4 个工作区 (XSB) 为当前工作区
Display All 学号,姓名,A.课程名,B.民族名,C.考试成绩
* 输出结果：学号、姓名与课程名、民族名、考试成绩得到了正确的对应
Close All                         && 关闭所有文件
```

5. 思考题

(1) 永久关联和临时关联的区别是什么？永久关联何时起作用？临时关联起什么作用？对自由表能建立哪种关联？

(2) 在表间参照完整性的设计中,如果"插入规则"为"限制",则在子表中输入记录时应该注意哪些问题？

(3) 在本实验中,通过逻辑删除 KCB 中课程码为 01030B 的记录,导致逻辑删除了 CJB 中课程码为 01030B 的全部记录,在 CJB 中能否执行 Recall All 命令恢复这些逻辑删除的记录？

第4章

SQL 语言应用与视图设计

4.1 用 SQL 语句建立数据库表

1. 实验目的

学习通过 SQL 语言建立数据库表的过程和方法,掌握关键字、有效性规则和默认值的设置方法、作用以及制约关系。

2. 实验要求

建立工资数据库(GZSJK),其中包含职工表(ZGB)、工资表(GZB)和职称表(ZCB)3个表,各个表的字段名、主关键字(具有下划线的字段)、数据类型、宽度、有效性规则和默认值如表 4.1～表 4.3 所示。

表 4.1 职工表(ZGB)

字段名	类型	宽度	有效性规则	默认值
职工号	字符型	6		"000000"
姓名	字符型	8		
出生日期	日期型	8	Year(出生日期)<=Year(Date())-18	Date()-366 * 18
参加工作时间	日期型	8	参加工作时间<=Date()	Date()
职称码	字符型	1	职称码 $ "1234"	"3"
性别	字符型	2	性别 $ "男女"	"男"

表 4.2 工资表(GZB)

字段名	类型	宽度	小数位数	有效性规则	默认值
月份	字符型	4			
职工号	字符型	6			"000000"
职务工资	数值型	9	2	职务工资>=0	0
岗位津贴	数值型	9	2	岗位津贴>=0	0
奖金	数值型	9	2	奖金>=0	0
所得税	数值型	8	2	所得税>=0	0
社会保险	数值型	8	2	社会保险>=0	0

表 4.3 职称表(ZCB)

字段名	类型	宽度	小数位数	有效性规则	默认值
职称码	字符型	1		职称码 $ "1234"	"3"
职称名	字符型	4			
级差	整型	4		级差>=0	0

3. 注意事项

(1) 在执行建立数据库表的语句之前,应该设置文件默认目录和当前数据库。

(2) 当一条语句(命令)太长时,可以分成多行编写,但除最后一行外,其他各行末尾要写半角分号(;)。

4. 实验步骤

(1) 在命令窗口中执行命令:

```
Set Default To E:\W50109901          && 设置文件默认目录
Create DataBase GZSJK                && 建立数据库文件 GZSJK.DBC,同时成为当前数据库
```

如果数据库文件 GZSJK.DBC 已经存在,则应该执行命令:Open DataBase GZSJK。

(2) 在命令窗口中执行 VFP 命令,建立程序文件 EXP4_1.PRG。

```
Modify Command EXP4_1
```

在程序编辑器中输入下列 SQL 语句。

```
Create Table ZGB;
(;
    职工号 C(6) Primary Key Default"000000",;
    姓名 C(8),;
    出生日期D Check Year(出生日期)<=Year(Date())-18;
            Default Date()-366*18,;
    参加工作时间 D Check;
    参加工作时间<=Date() Default Date(),;
    职称码 C(1) Check 职称码$'1234' Default '3',;
    性别 C(2) Check 性别$'男女' Default '男';
)
Create Table GZB;
(;
    月份 C(4),;
    职工号 C(6) Default '000000',;
    职务工资 N(9,2) Check 职务工资>=0 Default 0,;
    岗位津贴 N(9,2) Check 岗位津贴>=0 Default 0,;
    奖金 N(9,2) Check 奖金>=0 Default 0,;
    所得税 N(8,2) Check 所得税>=0 Default 0,;
    社会保险 N(8,2) Check 社会保险>=0 Default 0,;
```

```
    Primary Key 职工号+月份 Tag ZGHYF;
)
Create DBF ZCB;
(;
    职称码 C(1) Primary Key Check 职称码$'1234'Default'3',;
    职称名 C(6),级差 I Check 级差>=0 Default 0;
)
```

（3）单击"文件"→"关闭"，关闭程序编辑器，并保存文件 EXP4_1. PRG。

（4）在命令窗口中执行 VFP 命令，建立数据库中的各个表。

```
Do EXP4_1
```

（5）分别对各个表执行 Append 命令输入数据，以便检验表中字段及相关信息的正确性和效果。

5．思考题

（1）在执行 Do EXP4_1 命令时，如果没有当前数据库则会发生什么问题？为了确保执行程序时有当前数据库，应该如何修改该程序？

（2）如果多次执行 Do EXP4_1 命令，则会发生什么问题？在调试程序时，如果程序不完全正确，只建立了部分表，则修改程序后，在重新运行程序之前应该如何处理？

（3）在建立数据库表时，如果对某字段（如出生日期）设置了有效性规则（如 Year（出生日期）$<=$ Year（Date（））-18），而对该字段没有设置默认值或设置的默认值（如 Date（））不符合有效性规则，则向表中输入数据时能否增加新记录？

4.2　用 SQL 语句设置与数据库表结构有关的信息

1．实验目的

检验 Alter Table 语句几种格式的作用和区别，掌握 SQL 语句修改数据库表结构、有效性规则和默认值的方法。

2．实验要求

（1）在职工表（ZGB）中增加简历字段（备注型），限定职工号字段的值为 6 位，保留原默认值。

（2）在工资表（GZB）中，限定职工号字段的值为 6 位，保留原默认值；限定月份字段的值为 4 位，默认值改为：系统日期的年份后两位再接月份（如 2010 年 11 月表示为 1011）。

3．注意事项

（1）要正确选用 Alter Table 语句的格式。

（2）在修改字段的有效性规则时，表中的已有数据记录必须符合新规则的要求，否则不能正确执行 Alter Table 语句。

4. 实验步骤

（1）在命令窗口中执行命令：

```
Set Default To E:\W50109901          && 设置文件默认目录
Open DataBase GZSJK                   && 打开数据库,同时设为当前数据库
```

（2）在命令窗口中执行下列 SQL 语句，修改与表结构有关的信息。

```
* 修改 ZGB 的结构及有效性规则
Alter Table ZGB Add 简历 M
Alter Table ZGB Alter 职工号 Set Check Len(AllTrim(职工号))=6
* 修改 GZB 的有效性规则和默认值
Alter Table GZB Alter 职工号 Set Check Len(AllTrim(职工号))=6;
    Alter 月份 Set Check Len(AllTrim(月份))=4;
    Alter 月份 Set Default;
    Right(Str(Year(Date())),2)+Right(Str(Month(Date())+100,3),2)
```

函数 Right(Str(Year(Date())),2) 先将系统日期中的年份值转换成字符型数据，再取后两位；函数 Right(Str(Month(Date())+100,3),2) 取系统日期中的月份值，并确保 1～9 之前加 0，即 1 月份取 01，2 月份取 02……12 月份取 12。

（3）先对表 ZGB 和 GZB 分别执行 Modify Structure 命令，进入表设计器，检查修改后的表结构。再执行 Browse 命令，进入数据"浏览"窗口，修改或输入数据，检验相关字段的设置效果。

5. 思考题

（1）在步骤（2）中，如果将前两条 SQL 语句改为如下一条 SQL 语句：

```
Alter Table ZGB Add 简历 M Alter 职工号 C(6) Check Len(AllTrim(职工号))=6
```

那么，有哪些格式方面的差别？有哪些功能方面的差别？执行改进后的语句，在 ZGB 中将丢失什么信息？

（2）最后一条语句太长，如何将其分成功能相同的多条语句？最多可以分成几条语句？

4.3 数据库表中的数据维护

1. 实验目的

测试 SQL 语言的 Insert、Update 和 Delete 语句的功能，掌握 SQL 语句维护数据表中数据的方法。

2. 实验要求

(1) 用 SQL 语句将表 4.4～表 4.6 中的数据输入到数据库表中。

(2) 根据职称表(ZCB)中的级差字段,将 2010 年 1 月份每人的职务工资上调一级。

(3) 用 SQL 语句删除工资表(GZB)中 2007 年及以前的工资数据。

表 4.4　职工表(ZGB)数据

职工号	姓名	出生日期	参加工作时间	职称码	性别
000101	李晓伟	1960/10/01	1982/07/01	1	男
100219	王春丽	1962/07/22	1986/07/01	2	女
400309	马霄汉	1977/08/01	1999/07/01	3	男
601012	赵雪丹	1985/01/01	2004/01/01	3	女

表 4.5　职称表(ZCB)数据

职称码	职称名	级差	职称码	职称名	级差	职称码	职称名	级差	职称码	职称名	级差
1	正高	40	2	副高	30	3	中级	20	4	初级	15

表 4.6　工资表(GZB)数据

月份	职工号	职务工资	岗位津贴	奖金	所得税	社会保险
0701	000101	1370	780	1650	155	108
0701	100219	925	640	1350	67	78
0701	400309	710	550	900	8	63
0701	601012	600	470	700	0	53
1001	000101	1630	980	1050	141	131
1001	100219	1020	800	1200	97	91
1001	400309	680	700	800	9	69
1001	601012	620	550	650	0	59

3. 注意事项

(1) 在向表中输入数据时,主属性(如职工号、月份和职称码)的值不能为空;同一条 Insert 语句不能多次执行,避免关键字的值重复。

(2) 在执行 Delete 语句时,只能逻辑删除记录,需要执行 VFP 的 Pack 命令才能物理删除这些记录。

(3) 在执行 SQL 语言的 Insert、Update 和 Delete 语句之前,可以不打开数据库,这些语句能自动打开表所在的数据库。

4. 实验步骤

(1) 在命令窗口中执行命令:

Set Default To E:\W50109901　　　　　　　　　&& 设置文件默认目录

(2) 在命令窗口中执行下列 SQL 语句,输入职工表(ZGB)中的数据。

```
Insert Into ZGB Values;
    ('000101','李晓伟',{^1960-10-01},{^1982-07-01},'1','男')
Insert Into ZGB Values;
    ('100219','王春丽',{^1962-07-22},{^1986-07-01},'2','女')
Insert Into ZGB Values;
    ('400309','马霄汉',{^1977-08-01},{^1999-07-01},'3','男')
Insert Into ZGB Values;
    ('601012','赵雪丹',{^1985-01-01},{^2004-01-01},'3','女')
Select ZGB
Browse                              && 查看 ZGB 中输入的数据
Close All
```

(3) 在命令窗口中执行下列 SQL 语句,输入职称表(ZCB)中的数据。

```
Insert Into ZCB Values('1','正高',40)
Insert Into ZCB Values('2','副高',30)
Insert Into ZCB Values('3','中级',20)
Insert Into ZCB Values('4','初级',15)
Select ZCB
Browse                              && 查看 ZCB 中输入的数据
Close All
```

(4) 在命令窗口中执行下列 SQL 语句,输入工资表(GZB)中的数据。

```
Insert Into GZB Values;
    ('0701','000101',1370,780,1650,155,108)
Insert Into GZB Values;
    ('0701','100219',925,640,1350,67,78)
Insert Into GZB Values;
    ('0701','400309',710,550,900,8,63)
Insert Into GZB Values;
    ('0701','601012',600,470,700,0,53)
Insert Into GZB Values;
    ('1001','000101',1630,980,1050,141,131)
Insert Into GZB Values;
    ('1001','100219',1020,800,1200,97,91)
Insert Into GZB Values;
    ('1001','400309',680,700,800,9,69)
Insert Into GZB Values;
    ('1001','601012',620,550,650,0,59)
Select GZB
Browse                              && 查看 GZB 中输入的数据
Close All
```

(5) 在命令窗口中执行命令,建立调整职务工资的程序文件(PRG)。

```
Modify Command EXP4_35
```

在程序编辑器中输入下列语句。

```
Select 职工号,级差 From ZGB Join ZCB;
    ON ZGB.职称码=ZCB.职称码;
    Into Table TMP                          && 将每个职工的级差存于 TMP.DBF
Select TMP
Index On 职工号 To TMP                       && 建立独立索引文件 TMP.IDX
Use GZB In 0
Select GZB
Set Relation To 职工号 Into TMP             && 通过职工号建立表间的关联
Replace All 职务工资 With 职务工资+TMP.级差 For 月份='1001'
Browse
Close All
```

（6）单击"文件"→"关闭"，关闭程序编辑器，保存文件 EXP4_35.PRG。再从命令窗口中运行程序，以便调整 2010 年 1 月份的职务工资。

```
Do EXP4_35
```

（7）在命令窗口中执行下列语句，删除工资表（GZB）中 2007 年及以前的工资数据。

```
Delete From GZB Where 月份<='0712'         && 逻辑删除记录
Select GZB
Pack                                       && 物理删除记录
Browse
Close All
```

5. 思考题

（1）执行语句：

```
Insert Into ZCB Values('5','教授',50)或 Insert Into ZCB Values(.Null.,'正高',40)
```

能否在 ZCB 中增加记录？为什么？

（2）如果执行两次

```
Insert Into ZCB Values('1','正高',40)
```

语句，ZCB 中是否会出现重复记录？这体现了数据库表的哪种性质？

（3）如果 2010 年中 12 个月的工资与 1 月份相同，如何输入其余 11 个月的工资？

（4）如果不用表间的关联调整职务工资，则应该如何实现？仅用 SQL 语句如何实现职务工资的调整？

4.4 用 SQL 语言设计实用程序

1. 实验目的

利用 SQL 语言编写更新、统计与分析数据的程序，掌握用 SQL 语言解决实际应用问题的方法。

Visual FoxPro 数据库及面向对象程序设计基础实验指导及习题解答

2. 实验要求

(1) 根据表 4.7 给出的个人所得税缴纳标准,重新填写 GZB 表中所有记录的所得税金额。

表 4.7　个人所得税缴纳标准

级别	起征点 2000/元	税率%	速算扣除金额/元
1	小于或等于起征点 2000	0	0
2	不超过 500	5	0
3	超过 500 至 2000	10	25
4	超过 2000 至 5000	15	125
5	超过 5000 至 20 000	20	375
6	超过 20 000 至 40 000	25	1375
7	超过 40 000 至 60 000	30	3375
8	超过 60 000 至 80 000	35	6375
9	超过 80 000 至 100 000	40	10 375
10	超过 100 000	45	15 375

所得税＝〔应发工资－2000(起征点)〕×税率－速算扣除数

(2) 输出每个职工所得税的最高金额、平均金额和总金额。

3. 注意事项

在执行 SQL 语言的 Update 和 Select 语句之前,可以不打开数据库和表,此类语句能自动打开表及其数据库。

4. 实验步骤

(1) 在命令窗口中执行命令,设置文件默认目录。

```
Set Default To E:\W50109901              && 设置文件默认目录
```

(2) 在命令窗口中执行命令,建立程序 EXP4_4.PRG。

```
Modify Command EXP4_4
```

在程序编辑器中输入如下语句:

```
Update GZB Set 所得税=0 Where 职务工资+岗位津贴+奖金<=2000
Update GZB Set 所得税=(职务工资+岗位津贴+奖金-2000) * 5/100;
              Where 职务工资+岗位津贴+奖金>2000 And;
              职务工资+岗位津贴+奖金<=2500
Update GZB Set 所得税=(职务工资+岗位津贴+奖金-2000) * 10/100-25;
              Where 职务工资+岗位津贴+奖金>2500 And;
              职务工资+岗位津贴+奖金<=4000
Update GZB Set 所得税=(职务工资+岗位津贴+奖金-2000) * 15/100-125;
```

```
            Where 职务工资+岗位津贴+奖金>4000 And;
                职务工资+岗位津贴+奖金<=7000
    Update GZB Set 所得税=(职务工资+岗位津贴+奖金-2000)*20/100-375;
                Where 职务工资+岗位津贴+奖金>7000 And;
                职务工资+岗位津贴+奖金<=22000
    Update GZB Set 所得税=(职务工资+岗位津贴+奖金-2000)*25/100-1375;
                Where 职务工资+岗位津贴+奖金>22000 And;
                职务工资+岗位津贴+奖金<=42000
    Update GZB Set 所得税=(职务工资+岗位津贴+奖金-2000)*30/100-3375;
                Where 职务工资+岗位津贴+奖金>42000 And;
                职务工资+岗位津贴+奖金<=62000
    Update GZB Set 所得税=(职务工资+岗位津贴+奖金-2000)*35/100-6375;
                Where 职务工资+岗位津贴+奖金>62000 And;
                职务工资+岗位津贴+奖金<=82000
    Update GZB Set 所得税=(职务工资+岗位津贴+奖金-2000)*40/100-10375;
                Where 职务工资+岗位津贴+奖金>82000 And;
                职务工资+岗位津贴+奖金<=102000
    Update GZB Set 所得税=(职务工资+岗位津贴+奖金-2000)*45/100-15375;
                Where 职务工资+岗位津贴+奖金>102000
    Select ZGB.职工号,姓名,;
                Max(所得税) As 最高金额,
                Avg(所得税) As 平均金额,;
                Sum(所得税) As 总金额;
                From ZGB Inner Join GZB On ZGB.职工号=GZB.职工号;
                Group By Zgb.职工号
```

（3）单击"文件"→"关闭"，关闭程序编辑器，保存文件 EXP4_4.PRG。

（4）在命令窗口中运行程序，添加个人所得税并输出每个职工的所得税情况。

```
Do EXP4_4
```

5. 思考题

（1）当多次运行程序(Do EXP4_4)时，各次运行结果是否相同？如果要求仅更新某个月的所得税，如何修改程序？

（2）如果在程序的最后增加语句：Close All，会产生什么现象？

（3）如果仅统计某年职工的所得税情况，如何修改程序？如果要将统计结果存于文本文件 SDS.TXT 中，如何修改程序？

（4）程序中包含了 10 条 Update 语句，能否减少 Update 语句条数而保留程序的功能？如何简化程序？

4.5　通过 SQL 语句进行数据统计与分析

1. 实验目的

测试 SQL 语言的 Select 语句功能,掌握通过 Select 语句进行数据统计与分析的常用方法。

2. 实验要求

(1) 假设每个职工上调一级工资,测算增加的工资总金额。

(2) 输出 2010 年收入金额低于 4 万元的职工号、姓名、职称名、应发金额和收入金额。应发金额=职务工资+岗位津贴+奖金,收入金额=职务工资+岗位津贴+奖金－所得税－社会保险。输出结果按职称名升序排列,职称名相同时按收入金额降序排列。

(3) 将 2010 年实发金额最少的 3 个月情况存于表 FF3 中,内容包括月份、人数、月平均实发金额、月最高实发金额、月最低实发金额和月实发金额合计。

3. 注意事项

(1) 在使用 SQL 语句时,如果一个字段名包含在多个表中(如职工号),则在该种字段名之前应该加表别名。

(2) 由于只有通过对数据记录进行统计才能确定年收入低于 4 万元的职工,因此,这个条件只能通过 Having 短语实现,而不能用 Where 短语实现。

(3) Select 语句查询数据时,用 Into Table 短语改变结果去向,屏幕上无输出结果。

4. 实验步骤

确保 E:\W50109901 为文件默认目录后,按下列步骤操作。

(1) 在命令窗口中执行下列语句,测算增加的工资总金额。

```
Select Sum(级差) As 工资总金额;
      From ZCB Join ZGB;
      ON Zcb.职称码=Zgb.职称码
```

(2) 在命令窗口中执行命令,建立程序 EXP4_52.PRG。

```
Modify Command EXP4_52
```

在程序编辑器中输入下列语句。

```
Select ZGB.职工号,姓名,职称名,;
      Sum(职务工资+岗位津贴+奖金) As 应发金额,;
      Sum(职务工资+岗位津贴+奖金-所得税-社会保险) as 收入金额;
```

```
From GZB Join ZGB Join ZCB;
On ZGB.职称码=ZCB.职称码;
On GZB.职工号=ZGB.职工号;
Where Left(月份,2)="10";
Group By ZGB.职工号;
Order By 职称名,5 DESC Having 收入金额<40000
```

单击"文件"→"关闭",关闭程序编辑器,保存文件 EXP4_52.PRG。再从命令窗口中运行程序,输出 2010 年收入低于 4 万元的职工信息。

```
Do EXP4_52
```

(3) 在命令窗口中执行命令,建立程序 EXP4_53.PRG。

```
Modify Command EXP4_53
```

在程序编辑器中输入下列语句。

```
Select Top 3 月份,;
    Count(*) As 人数,;
    AVG(职务工资+岗位津贴+奖金-所得税-社会保险) As 月平均实发金额,;
    Max(职务工资+岗位津贴+奖金-所得税-社会保险) As 月最高实发金额,;
    Min(职务工资+岗位津贴+奖金-所得税-社会保险) As 月最低实发金额,;
    Sum(职务工资+岗位津贴+奖金-所得税-社会保险) As 月实发金额合计;
    From GZB;
    Where Left(月份,2)="10";
    Group By 月份;
    Order By 6;
    Into Table FF3
```

单击"文件"→"关闭",关闭程序编辑器,保存文件 EXP4_53.PRG。再从命令窗口中运行程序,将 2010 年发放工资最少的 3 个月情况存于表 FF3 中。

```
Do EXP4_53
```

5. 思考题

(1) 执行 Select * From GZB 语句后,是否打开了数据库 GZSJK.DBC? 执行 SQL 语言中的哪些语句能自动打开数据库? 哪些语句需要有当前数据库?

(2) 在 Select 语句中加 Into Table 短语时屏幕上无查询结果,类似的短语还有哪些? 如何查看这些查询结果? 由 Into Table 能否直接生成数据库表?

(3) 如果要求输出前 n 行数据,在 Select 语句中应该加哪些短语? 有时输出的数据行数不等于 n,其主要原因是什么?

(4) 为了筛选数据行,在 Select 语句中可以加 Having 或 Where 短语,二者的异同是什么? 在 Where 短语中不能使用哪些函数?

4.6 SQL 语言中嵌套与合并的应用

1. 实验目的

调试 SQL 语言中嵌套与合并语句的用法和意义,掌握通过 SQL 语言解决比较复杂问题的方法和技巧。

2. 实验要求

(1) 将 2010 年 1 月在编职工(ZGB 中有记录)的奖金增加 200 元。

(2) 输出 2010 年 1 月没发工资的职工号、姓名、性别和职称名,结果存于文本文件 MF.TXT 中。

(3) 输出 2010 年 1 月收入金额高于所有职工本年月平均值的职工号、姓名、性别、职称名和收入金额。收入金额=职务工资+岗位津贴+奖金-所得税-社会保险。

(4) 输出每个职工获得奖金最高的月份工资情况,结果按奖金由高到低排列,奖金相同时按职工号由小到大排列。

(5) 将 2010 年的月份、职工号、职务工资、岗位津贴、奖金转存到 ZC2010.DBF 文件中。表 ZC2010 中包含月份、职工号、工资项名和金额 4 个字段,每个职工每项工资占 1 个记录,工资项名分别保存:职务工资、岗位津贴和奖金文字。结果中按月份、工资项名和职工号升序排列。

3. 注意事项

(1) 在 VFP 的 SQL 语言中,只能在 Where 短语中使用嵌套语句。

(2) 在多个 Select 语句查询结果合并时,对应列的数据类型和宽度应该一致。

4. 实验步骤

确保 E:\W50109901 为文件默认目录后,按下列步骤操作。

(1) 在命令窗口中执行下列语句增加奖金。

```
Update GZB Set 奖金=奖金+200;
    Where 月份='1001' and;
    职工号 In(Select 职工号 From ZGB)
```

(2) 在命令窗口中执行命令,建立程序 EXP4_62.PRG。

```
Modify Command EXP4_62
```

在程序编辑器中输入下列语句。

```
Select 职工号,姓名,性别,职称名;
    From ZGB Inner Join ZCB;
```

```
On ZGB.职称码=ZCB.职称码;
Where 职工号 Not In;
    (Select 职工号 From GZB Where 月份="1001");
To File MF
```

单击"文件"→"关闭",关闭程序编辑器,保存文件 EXP4_62.PRG。再从命令窗口中运行程序,将 2010 年 1 月没发工资的职工信息存于文件 MF.TXT 中。

```
Do EXP4_62
```

(3) 在命令窗口中执行命令,建立程序 EXP4_63.PRG。

```
Modify Command EXP4_63
```

在程序编辑器中输入下列语句。

```
Select ZGB.职工号,姓名,性别,职称名,;
    职务工资+岗位津贴+奖金-所得税-社会保险 as 收入金额;
    From GZB Join ZGB Join ZCB;
    On ZGB.职称码=ZCB.职称码;
    On GZB.职工号=ZGB.职工号;
    Where(月份="1001") And;
    (职务工资+岗位津贴+奖金-所得税-社会保险)>;
        (Select Avg(职务工资+岗位津贴+奖金-所得税-社会保险);
        From GZB Where Left(月份,2)='10')
```

单击"文件"→"关闭",关闭程序编辑器,保存文件 EXP4_63.PRG。再从命令窗口中运行程序,输出 2010 年 1 月收入金额高于所有职工月平均值的职工信息。

```
Do EXP4_63
```

(4) 在命令窗口中执行命令,建立程序 EXP4_64.PRG。

```
Modify Command EXP4_64
```

在程序编辑器中输入下列语句。

```
Select 职工号,月份,职务工资,岗位津贴,奖金,;
    职务工资+岗位津贴+奖金 As 应发金额,;
    所得税,社会保险,;
    职务工资+岗位津贴+奖金-所得税-社会保险 As 收入金额;
    From GZB As P Where 奖金=;
        (Select Max(奖金) From GZB As Q Where P.职工号=Q.职工号);
    Order By 奖金 DESC,职工号
```

单击"文件"→"关闭",关闭程序编辑器,保存文件 EXP4_64.PRG。再从命令窗口中运行程序,输出每个职工获得奖金最高的月份工资情况。

```
Do EXP4_64
```

（5）在命令窗口中执行命令，建立程序 EXP4_65.PRG。

```
Modify Command EXP4_65
```

在程序编辑器中输入下列语句。

```
Select 月份,职工号,'职务工资' As 工资项名,职务工资 As 金额;
        From GZB Where Left(月份,2)='10';
Union;
Select 月份,职工号,'岗位津贴' As 工资项名,岗位津贴;
        From GZB Where Left(月份,2)='10';
Union;
Select 月份,职工号,'奖　金' As 工资项名,奖金;
        From GZB Where Left(月份,2)='10';
Order By 1,3,2;
Into Table ZC2010
```

单击"文件"→"关闭"，关闭程序编辑器，保存文件 EXP4_65.PRG，再从命令窗口中运行程序，生成 ZC2010.DBF。

```
Do EXP4_65
```

5. 思考题

（1）在本实验的 5 项要求中，哪些项可以通过多条 SQL 语句实现？如何实现？

（2）能否通过一条 Select 的分组语句实现第 4 项要求？为什么？

（3）在 Select 语句中，何时需要为数据源中的表或视图起别名？

（4）子查询的结果中可能有多行或多列数据，与此种子查询可以进行哪些运算？

4.7　查询设计器及其应用

1. 实验目的

学习设计查询的过程和方法，通过可视化工具进行数据查询和统计，掌握生成 SQL 语言中 Select 语句的方法及技巧。

2. 实验要求

（1）建立一个查询文件 EXP4_7.QPR，运行 EXP4_7.QPR 时，将 2000 年以前工作的职工各年工资的发放情况存于表 NF 中，仅保存所得税合计超出 100 元的数据行。内容包括年份、职称名、奖金合计、应发合计、所得税合计和实发合计，按实发合计由高到低排序，实发合计相同时按年份升序排列。

（2）将生成的 Select 语句粘贴到 EXP4_7.PRG。

3. 注意事项

在选择查询的数据源时,选择表的顺序可能对查询结果有影响。根据要求正确选择表的的顺序、关联字段和联接类型。

4. 实验步骤

(1) 在命令窗口中执行 VFP 命令,设置文件默认目录。

```
Set Default To E:\W50109901                    && 设置文件默认目录
```

(2) 在命令窗口中执行 VFP 命令,进入查询设计器。

```
Create Query EXP4_7
```

在选择查询的数据源时,在"打开"、"添加表或视图"对话框中,选择表的顺序为:GZB、ZGB 和 ZCB,并且在"联接条件"对话框中,选择表间的关联字段为职工号或职称码,选定联接类型为内部联接。

(3) 在查询设计器的"字段"选项卡中,选定字段或输入下列各个表达式。

```
Left(月份,2) As 年份
Zcb.职称名
Sum(奖金) As 奖金合计
Sum(职务工资+岗位津贴+奖金)As 应发合计
Sum(所得税) As 所得税合计;
Sum(职务工资+岗位津贴+奖金-所得税-社会保险)As 实发合计
```

(4) 在"筛选"选项卡中,"字段名"列中输入表达式:YEAR(Zgb.工作时间);"条件"列中选择:<=;"实例"列中输入:2000,如图 4.1 所示。

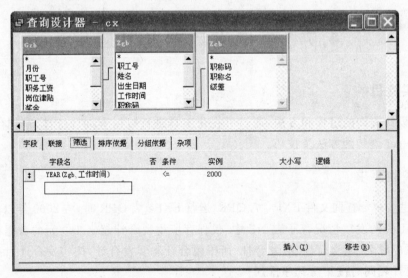

图 4.1 查询设计器的"筛选"选项卡

(5) 在"排序依据"选项卡中,选定下列"排序条件"。

Sum(职务工资+岗位津贴+奖金-所得税-社会保险)As 实发合计(降序)
Left(月份,2)As 年份

(6) 在"分组依据"选项卡中,选定下列"分组字段"。

Left(月份,2)As 年份
职称名

单击"满足条件"按钮,在其对话框的"字段名"列中选择：所得税合计；"条件"列中选择：＞；"实例"列中输入：100。

(7) 单击"查询"→"查询去向",在"查询去向"对话框中选定"表",在"表名"文本框中输入：NF,单击"确定"按钮。

(8) 单击"查询"→"查看 SQL",按 Ctrl＋A 键选定整条 Select 语句,按 Ctrl＋C 键送到剪贴板。

(9) 在命令窗口中执行命令,建立程序 EXP4_7.PRG。

```
Modify Command EXP4_7
```

在程序编辑器中按 Ctrl＋V 键将剪贴板中的 Select 语句粘贴到程序中,粘贴结果如下：

```
Select Left(月份,2)As 年份,Zcb.职称名,Sum(奖金)As 奖金合计,;
    Sum(职务工资+岗位津贴+奖金)As 应发合计,;
    Sum(所得税)As 所得税合计,;
    Sum(职务工资+岗位津贴+奖金-所得税-社会保险)As 实发合计;
    From gzsjk!GZB Inner Join gzsjk!ZGB;
    Inner Join gzsjk!ZCB;
    On ZGB.职称码=ZCB.职称码;
    On GZB.职工号=ZGB.职工号;
    Where Year(ZCB.参加工作时间)<=2000;
    Group BY 1,ZCB.职称名;
    Having 所得税合计>100;
    Order By 6 DESC,1 Into Table NF.DBF
```

(10) 在程序编辑器和查询设计器中,分别单击"文件"→"关闭",并保存文件 EXP4_7.PRG 和 EXP4_7.QPR。

(11) 在命令窗口中执行：Do EXP4_7.PRG 或 Do EXP4_7.QPR,功能相同,都将生成表文件 NF.DBF。

5. 思考题

(1) 用查询设计器如何生成嵌套的 Select 语句？
(2) 在执行 EXP4_7.QPR 或 EXP4_7.PRG 时,屏幕上为什么没有输出？
(3) 将查询设计器生成的 Select 语句粘贴到程序 EXP4_7.PRG 中后,可以删除某些内容,但不影响其功能。为了进一步优化语句,对本实验中的 Select 语句可以去掉哪些内容?

(4) 在编写 Select 语句或通过查询设计器设计查询时,往往数据源名称的顺序将对查询结果有一定的影响。在此实验题中如果将数据源的顺序改为:ZGB、GZB 和 ZCB,则将产生何种查询结果? 是否符合本实验题的要求?

4.8　视图的设计方法及其应用

1. 实验目的

学习视图的设计过程,掌握视图的用途和环境要求以及参照多个表中的数据修改一个表中数据的方法。

2. 实验要求

建立一个视图 GZVIEW,运行视图时显示 2010 年的工资情况,包括月份、职工号、姓名、职称名、奖金和社会保险,按月份和职称名排序,允许修改后的奖金和社会保险保存到GZB 中。

3. 注意事项

在建立或操作视图之前,应该将视图所在的数据库设置为当前数据库。

4. 实验步骤

(1) 在命令窗口中执行 VFP 命令:

```
Set Default To E:\W50109901          && 设置文件默认目录
Open DataBase GZSJK                  && 打开数据库,同时设置为当前数据库
```

(2) 在命令窗口中执行命令,进入视图设计器。

```
Create View
```

在"添加表或视图"对话框中,选择表的顺序为:GZB、ZGB 和 ZCB,并且在"联接条件"对话框中,选择表间的关联关键字段为职工号或职称码,选定联接类型为内部联接。

(3) 在视图设计器的"字段"选项卡中,分别选定:GZB. 月份、GZB. 职工号、ZGB. 姓名、ZCB. 职称名、GZB. 奖金和 GZB. 社会保险 6 个字段。

(4) 在"筛选"选项卡中,"字段名"列中输入表达式:Left(GZB. 月份,2);"条件"列中选择:=;"实例"列中输入:10。

(5) 在"排序依据"选项卡中,选定"排序条件":GZB. 月份和 ZCB. 职称名。

(6) 在"更新条件"选项卡中,选定的内容("√"或"·")如图 4.2 所示。

(7) 单击"文件"→"保存",在"视图名称"文本框中输入:GZVIEW,单击"确定"按钮。

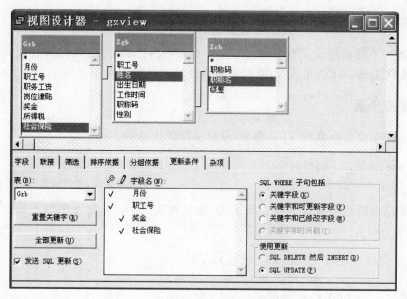

图 4.2 视图设计器的"更新条件"选项卡

(8) 单击视图设计器的"常用"工具中的"运行"按钮,或者,在命令窗口中执行:Use GZVIEW 和 Browse 命令,显示和修改视图查询出来的数据。

5. 思考题

(1) 通过视图 GZVIEW 能修改哪些字段的数据? 被修改的数据哪些字段能存回到表中?

(2) 在一个视图中能修改几个表中的数据? 如何指定要更新的表名? 如果不选定"更新条件"选项卡中的"发送 SQL 更新",会产生什么现象?

4.9　通过 SQL-Select 语句建立视图

1. 实验目的

学习用 SQL-Select 语句(非可视化)建立视图的方法,掌握视图的查询结果转存到其他位置的途径。

2. 实验要求

(1) 用 SQL-Select 语句建立一个视图 ZGV。运行视图时,按年龄由大到小的顺序输出 40 岁及以下职工的职工号、姓名、年龄、参加工作时间、职称名和性别。

(2) 将视图 ZGV 的查询结果转存到文件 ZG40.TXT 中。

3. 注意事项

在视图中不能使用改变查询去向的有关短语,要将视图的查询结果转存到文本文件中,可以用 SQL-Select 语句或 VFP 的有关命令进一步操作视图。

4. 实验步骤

(1) 在命令窗口中执行 VFP 命令,设置文件默认目录。

```
Set Default To E:\W50109901                    && 设置文件默认目录
Open DataBase GZSJK                            && 打开数据库,同时设置为当前数据库
```

(2) 在命令窗口中执行下列 2 条语句,建立视图 ZGV,并将视图的查询结果保存到 ZGV40. TXT 中。

```
Create View ZGV As Select 职工号,姓名,;
    Year(date())-Year(Zgb.出生日期) As 年龄,;
    参加工作时间,职称名,性别;
    From ZGB Inner Join ZCB On ZGB.职称码=ZCB.职称码;
    Where Year(date())-Year(出生日期)<=40;
    Order By 年龄 DESC
Select * From ZGV To File ZG40                  && 数据源为视图 ZGV,运行结果存于 ZG40.TXT
```

5. 思考题

(1) 如果在 Create View ZGV As Select … 语句的最后再加短语: To File ZG40,则会出现什么问题?

(2) 通过视图 ZGV 修改的数据能否存到数据库表中?

(3) 用视图 ZGV 与 VFP 命令结合,如何将视图的查询结果转存到表或文本文件中?

第**5**章

结构化程序设计基础

5.1 分支程序设计

1. 实验目的

学习设计和调试分支结构程序,掌握各种分支语句的结构、用途、程序设计方法和执行过程,了解结构化程序设计的基本思想。

2. 实验要求

利用分支语句编写程序 EXP5_1. PRG。程序运行时,输入数据表文件主名,若文件不存在,则弹出"默认目录下没有文件,请重新运行程序!"对话框;若默认目录下存在表文件,则根据选择的功能("1. 显示记录"、"2. 修改记录"、"3. 删除记录")进行对应的操作。

3. 注意事项

(1) 各种分支结构的开始语句(If、Do Case)与结束语句(EndIf、EndCase)都需要一一对应。

(2) 多个分支结构嵌套时,一个结构要完整地嵌套在另一个结构中,不要出现交叉。

4. 实验步骤

(1) 在命令窗口中执行命令:

```
Modify Command EXP5_1                              && 建立程序,并进入程序编辑器
```

(2) 在程序编辑器中输入如下程序:

```
Clear
Set Default To E:\W50109901                        && 设置文件默认目录
Accept "输入数据表文件主名:" To X
If Not File(X+".DBF")                              && 判断表文件是否存在
    Messagebox("默认目录中没有 &X..DBF 文件!")        && 弹出提示框
    Cancel                                         && 表文件不存在,退出程序
Else
```

```
    Use &X                                       && 表文件存在,打开表
    Wait "请选择:1.显示记录 2.修改记录 3.删除记录" To Y
    If Y$"123"
        Do Case
        Case Y="1"
        Display All                              && 能暂停地输出表中全部记录
        Case Y="2"
        Browse                                   && 进入数据浏览窗口,可以修改记录
        Case Y="3"
        Input "输人要逻辑删除的记录号: " To Z
        If Type("Z")="N"                         && 判断 Z 是否为数值型
            If Z>RecCount() Or Z<=0              && 判断要删除的记录号是否超出范围
              Messagebox("记录号越界,退出程序!")
              Cancel
            Else
              Delete Record Z                    && 逻辑删除记录
              Pack                               && 物理删除记录
            EndIf
        Else
            Messagebox("应该输入数值型数据!")
        EndIf
    EndCase
  Else
    Messagebox("没有所选的功能!")
  EndIf
  Use
EndIf
```

（3）保存程序：单击"文件"→"保存"。

（4）运行程序：单击"程序"→"运行",选择文件 EXP5_1.PRG,单击"运行"按钮。

5. 思考题

If 分支语句与 Do Case 多分支语句分别适用于哪些情况?

5.2 循环程序设计

1. 实验目的

学习设计和调试循环结构程序,掌握各种循环程序的作用、设计方法和执行过程,了解用循环结构解决实际问题的基本思路。

2. 实验要求

编写程序 EXP5_2.PRG。在运行程序时,输入任意十进制整数$(1\sim10^9)$,输出其对应的二进制数。

3. 注意事项

各种循环结构的首尾语句必须成对使用；在循环体内要有能执行到的、使循环条件趋向不成立的语句或退出程序的语句，避免出现死循环。

4. 实验步骤

（1）在命令窗口中执行命令：

Modify Command EXP5_2

（2）在程序编辑器中输入如下程序：

```
Set Talk Off
Clear
Dimension B(32)                              &&B 数组中每个元素存放 1 位二进制数,最多 32 位
Input "输入十进制整数: " To S
If Type("S")="N" AND S>0 And S<=2^32-1       && 判断 S 是否为数值型或超出范围
    S=Int(S)
    N=0                                      &&N 存放二进制数的位数
    Do While S>0                             &&S 的值(整数商)大于 0 时进行转换
        N=N+1
        B(N)=S%2                             && 余数(第 N 位二进制数)保存在 B(N)中
        S=Int(S/2)                           && 整数商存于 S
    Enddo
    ?"二进制数是: "
    For M=N To 1 Step-1                       && B(1)为最低位,B(N)为最高位
        ?? Str(B(M),1)                        && 输出二进制数的各位
    Endfor
Else
    Messagebox("非数值型或数据超范围,不能转换成二进制数据!")
EndIf
```

（3）保存程序：单击"文件"→"保存"。
（4）在命令窗口中执行程序：Do EXP5_2。

5. 思考题

（1）DO While 和 For 循环结构各适合什么场合？两种结构如何进行转换？
（2）如何修改程序，使之能对负数进行转换？如何修改程序，使之能将十进制数转换成任意 R 进制数？

5.3 嵌套程序设计

1. 实验目的

学习设计和调试嵌套结构的程序，掌握嵌套结构程序的设计方法和执行过程，学会用

分支、循环嵌套结构解决实际问题，提高结构化程序设计的能力。

2. 实验要求

编写程序 EXP5_3.PRG。在运行程序时，输入任意 N 个数，按"冒泡"排序算法由小到大顺序输出这些数。

3. 注意事项

多个循环结构嵌套时，一个循环结构要完整地嵌套在另一个循环结构中，不要出现交叉。

4. 实验步骤

（1）在命令窗口中执行命令：

```
Modify Command EXP5_3
```

（2）在程序编辑器中输入如下程序：

```
Set Talk Off
Clear
Input "请输入数据个数: " To N              && 输入待排序数的个数
If N<0 Or N>65000                          && 一个数组中可以含 1～65000 个元素
    Messagebox("超出一个数组中元素的个数!")
    Cancel
EndIf
Dimension AM(N)
For K=1 to N                               && 将待排序的数存放于数组元素中
    Input"请输入第"+AllTrim(Str(K))+"个数: " to AM(K)
next
J=N
BJ=1                                       &&BJ 用于标记是否还需要一遍扫描(比较)
DO While BJ<>0                             && 外循环,是否还需要一遍扫描,0: 不需要,非 0: 需要
    BJ=0                                   && 开始一遍扫描,并假设不需要下一遍扫描
    For K=1 To J-1                         && 内循环,执行一遍扫描
        If AM(K)>AM(K+1)                   && 如果前后两个元素逆序,则交换两个元素的位置
            X=AM(K)
            AM(K)=AM(K+1)
            AM(K+1)=X
            BJ=1                           && 发生了元素交换,至少还需要一遍扫描
        EndIf
    EndFor                                 && 结束内循环
    J=J-1                                  && 本次扫描中的最后元素,下次不参加比较
    ?"第"+AllT(Str(N-J))+"扫描: "          && 输出第 i 次扫描后的排序结果
    For K=1 to N                           && 内循环,输出各个元素
        ?? AM(K)
    next                                   && 结束内循环
```

```
EndDo                                    && 结束外循环
Set Talk On
```

(3) 保存程序：单击"文件"→"保存"。

(4) 在命令窗口中运行程序：Do EXP5_3。

5. 思考题

(1) 要由大到小顺序输出结果，应该如何修改程序？

(2) 在交换两个元素位置时执行了：X＝AM(K)、AM(K)＝AM(K＋1)和 AM(K＋1)＝X 三条语句，如果将其改为：AM(K)＝AM(K＋1)和 AM(K＋1)＝ AM(K)两条语句，会产生什么问题？

5.4 表中数据的处理程序

1. 实验目的

学习编写和调试处理表中数据的程序，学会程序访问数据库中数据的一般方法，掌握数据库程序设计的基本思路。

2. 实验要求

编写程序 EXP5_4.PRG。在运行程序时，输出每个学生的学号、姓名、最高分、最低分、课程门数和平均分的等级（等级划分标准为：优秀—86 分以上；良好—85～80 分；中等—79～65 分；合格—64～60 分；不及格—60 分以下）。

3. 注意事项

设计表中数据的处理程序时，通常使用 Do While 或 Scan 循环结构，在 Do While 循环体内需要移动记录指针，但在 Scan 循环体内不需要移动记录指针。

4. 实验步骤

(1) 在命令窗口中执行命令：

```
Modify Command EXP5_4                    && 建立程序，并进入程序编辑器
```

(2) 在程序编辑器中输入如下程序：

```
Set Default To E:\W50109901              && 设置文件默认目录
If !File("XSB.DBF") Or !File("CJB.DBF")  && 判断所需表是否存在
    Messagebox("XSB.DBF 或 CJB.DBF 不存在!")
    Cancel
EndIf
Select XSB.学号,姓名,Max(考试成绩+课堂成绩+实验成绩)As 最高分,;
```

```
                Min(考试成绩+课堂成绩+实验成绩)As 最低分,;
                Count(课程码)As 课程门数,;
                Avg(考试成绩+课堂成绩+实验成绩)As 平均分;
        From XSB,CJB Where XSB.学号=CJB.学号;
        Group By CJB.学号  Into Table TMP                && 将学生的成绩统计结果存于表 TMP 中
Select TMP
Scan                              && 对每个学生执行 Scan 循环体,循环体内不需要移动记录指针
    Do Case
    Case 平均分>=86   &&86分以上
        DJ="优秀"
    Case 平均分>=80   &&85~80分
        DJ="良好"
    Case 平均分>=65   &&79~65分
        DJ="中等"
    Case 平均分>=60   &&64~60分
        DJ="合格"
    OtherWise        &&60分以下
        DJ="不及格"
    EndCase
    ? 学号,姓名,最高分,最低分,课程门数,"等级："+DJ
EndScan
Close All
```

（3）保存程序：单击"文件"→"保存"。

（4）在命令窗口中运行程序：Do EXP5_4。

5. 思考题

（1）在程序 EXP5_4.PRG 的 Scan 循环体内如果加一条 Skip 语句,则会产生什么问题？

（2）如何将程序中的 Scan 循环结构改成 DO While 结构？

5.5 子程序及其调用

1. 实验目的

学习编写、调试主程序和子程序,熟悉用子程序设计更复杂程序的过程和方法,掌握主程序与子程序的关系及作用,了解程序系统的构成和设计思路。

2. 实验要求

编写主程序 EXP5_5.PRG、子程序 JZZH,当输入十进制纯小数后,输出其 $R(2\sim9)$ 进制数。

3. 注意事项

（1）在编写子程序时，如果子程序为独立文件，则文件主名即为子程序名；如果子程序在过程文件或程序文件中，则子程序名前加关键词 Procedure 或 Function，并且，子程序名中不能写文件扩展名(.PRG)。

（2）在执行具有形式参数的子程序时，应该带有实际参数。

4. 实验步骤

（1）在命令窗口中执行命令：

```
Modify Command EXP5_5
```

（2）在程序编辑器中输入如下程序：

```
Set Talk Off
Do While .T.                        && 条件永久成立,用于控制输入下一组数据
    Clear
    Input "输入十进制纯小数: " To S
    If Type("S")<>"N"
        Exit                        && 当输入非数值数据时,跳出循环,结束主程序
    EndIf
    Input "输入基数 R(2～9): " To R
    If Type("R")<>"N" Or R<2 Or R>9
        Messagebox("输入的基数错误!")
        Loop                        && 当输入的基数错误时,转到循环开始语句,重新输入数据
    EndIf
    Input "小数点后保留位数: " To K
    S=S-Int(S)                      && 得到纯小数,并保留符号
    R=Int(R)
    DO JZZH With Abs(S),R,K          && 调用子程序转换并输出数据,Abs(S)为转换成正数
    If Messagebox("是否转换下一个数",36,"询问")=7
        Exit                        && 选择"否",跳出循环,结束主程序
    EndIf
EndDo
Set Talk On
* 程序文件子程序 JZZH
Procedure JZZH
    Parameters M,K,J          && M: 要转换的十进制数,K: 转换后的基数,J: 保留小数位数
    ? K,"进制数是: ",IIf(S>0,"0.","-0.")            && 被转换的数 S 为负数时,输出: -
    For N =1 To J                   && 计算 J 位小数
        ?? Str(Int(M * K),1)        && 输出积的整数部分,即小数点后第 N 位 K 进制数
        M=M * K-Int(M * K)          && 取纯小数,存放于 M
        If M=0
            Exit                    && 纯小数 M 为 0,表示转换完毕
```

```
        EndIf
    Next
EndProc
```

(3) 保存程序：单击"文件"→"保存"。

(4) 在命令窗口中运行程序：Do EXP5_5。

5. 思考题

(1) 如果将本题中的过程调用：DO JZZH With Abs(S),R,K 改为函数调用：JZZH(Abs(S),R,K),输出转换后的数据,应该如何修改子程序 JZZH 中的代码?

(2) 从变量作用域的角度看,在子程序 JZZH 中引用的变量 S 属于什么变量? 主程序和子程序中都使用了变量 K,在两个程序中 K 值是否相同? 为什么?

第6章

表单设计及应用

6.1 用"表单向导"设计表单

1. 实验目的

学习"表单向导"快速设计表单的方法和过程，了解表单的构成、作用以及表单中各类控件的基本用途等。

2. 实验要求

设计一个表单，使其运行时如图 6.1 所示，显示学生成绩表（CJB. DBF）中的数据，单击命令按钮可以完成相应的操作。

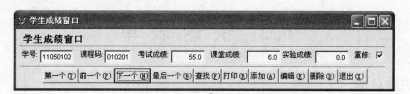

图 6.1 表单运行结果

3. 注意事项

在进入表单向导之前，应该设置文件默认目录。

4. 实验步骤

（1）在命令窗口中执行命令：

```
Set Default To E:\W50109901                    && 设置文件默认目录
```

（2）单击"文件"→"新建"，在"新建"对话框中，选择文件类型为"表单"，单击"向导"按钮。

（3）在"向导选取"对话框中选择"表单向导"，单击"确定"按钮。

（4）"步骤 1-字段选取"：单击"数据库和表"的浏览按钮，打开数据表 CJB，单击 ▶▶ 按钮，将所有字段添加至"选定字段"列表，单击"下一步"按钮。

(5)"步骤2-选择表单样式"：选择"样式"列表中"浮雕式"，单击"下一步"按钮。

(6)"步骤3-排序次序"：在"可用的字段或索引标识"列表中选定"学号"，单击"添加"按钮，将其添加至"选定字段"列表中，单击"下一步"按钮。

(7)"步骤4-完成"：在"请键入表单标题"中输入：学生成绩窗口，选定"保存表单并用表单设计器修改表单"，再单击"完成"按钮，表单文件名为 EXP6_1.scx。

(8)调整控件位置：在表单设计器中，鼠标拖动表单中的控件使其改变位置，表单设计结果如图 6.2 所示。

图 6.2　表单设计结果

(9)在命令窗口中执行命令：

```
Do Form EXP6_1                          && 运行表单,效果如图 6.1 所示
```

5. 思考题

(1)如何使 CJB 表中的数据在表单上按学号降序的顺序显示？

(2)如何利用"表单向导"建立一对多的表单？

6.2　快速表单

1. 实验目的

学习利用"快速表单"工具向表单中添加控件的简捷方法，掌握表单中控件与数据表中字段数据绑定的基本概念和作用。

2. 实验要求

利用"快速表单"设计表单，显示学生表(XSB.DBF)中的一条数据记录。

3. 注意事项

(1)在表单设计器中才能进行"快速表单"操作。

(2)利用"快速表单"设计表单后，系统将表或视图自动添加到数据环境中。

4. 实验步骤

(1)在命令窗口中执行：

```
Create Form EXP6_2
```

（2）选择"表单"→"快速表单"。

（3）在"表单生成器"对话框的"字段选取"选项卡中，单击"数据库和表"的▦按钮，打开 XSB 表，将所有字段添加至"选定字段"列表（如图 6.3 所示）。

（4）在"样式"选项卡中选择"浮雕"样式，单击"确定"按钮，返回表单设计器，再按图 6.4 调整表单上各控件的布局。

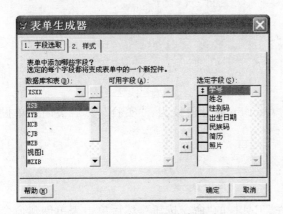

图 6.3　表单生成器-字段选取

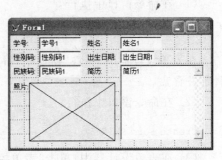

图 6.4　用表单生成器所创建的表单

（5）在命令窗口中执行命令：

Do Form EXP6_2

5. 思考题

（1）利用"表单生成器"能产生一对多表单吗？

（2）利用"表单向导"和"表单生成器"设计表单有何不同？

6.3　设置表单的属性

1. 实验目的

学习动态和静态设置对象属性的方法，了解对象属性值的变化对对象外观的影响，掌握对象的属性、事件和方法程序的作用及使用方法。

2. 实验要求

设计如图 6.5 所示的表单。在运行表单时自动打开另一个"实验"窗口。在表单运行过程中，单击"系统时间"按钮，窗口标题上显示系统时间；单击"更改背景色"按钮，表单背景色变为蓝绿色（0,128,128）；单击"隐藏实验窗口"或"显示实验窗口"按钮，则隐藏或显示"实验"窗口。

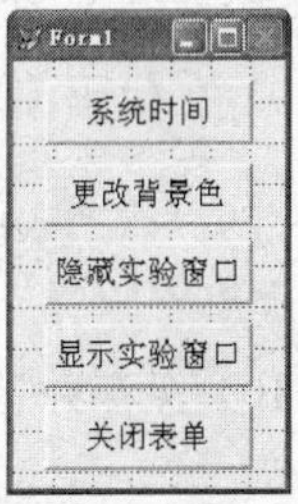

图 6.5　测试表单属性

3. 注意事项

（1）为对象的属性赋值时数据类型要匹配。

（2）在程序或事件代码中，应该通过表单的引用名加属性名或方法程序名操作非当前表单。

4. 实验步骤

（1）在命令窗口中执行：

```
Create Form EXP6_3_1
```

在表单设计器的"属性"窗口中，将其 Caption 属性值设为："实验"，然后关闭表单设计器并存盘。

（2）在命令窗口中执行：

```
Create Form EXP6_3
```

（3）在表单设计器中，单击"表单控件"工具栏的"命令按钮"，然后单击表单创建命令按钮 Command1～Command5，并在属性窗口中设置各按钮的 Caption 值。

（4）双击表单，在代码编辑器中选择"对象"为 Form1，"过程"为 Init，编写如下代码：

```
Public EXP6_3_1            && 说明 EXP6_3_1 为公共对象名，以便在其他事件中引用
Do Form EXP6_3_1           && 没为表单另起引用名，因此，EXP6_3_1 为其引用名
```

（5）在代码编辑器中选择"对象"为 Command1，"过程"为 Click，编写如下代码：

```
ThisForm.Caption=Time()              && 修改当前表单的标题
```

（6）在代码编辑器中选择"对象"为 Command2，"过程"为 Click，编写如下代码：

```
ThisForm.BackColor=RGB(0,128,128)    && 修改当前表单的背景颜色
```

（7）在代码编辑器中选择"对象"为 Command3，"过程"为 Click，编写如下代码：

```
EXP6_3_1.Hide                && 调用方法程序 Hide，隐藏"实验"窗口
```

（8）在代码编辑器中选择"对象"为 Command4，"过程"为 Click，编写如下代码：

```
EXP6_3_1.Show                && 调用方法程序 Show，显示"实验"窗口
```

（9）在代码编辑器中选择"对象"为 Command5，"过程"为 Click，编写如下代码：

```
EXP6_3_1.Release             && 调用方法程序 Release，关闭"实验"窗口
ThisForm.Release             && 调用方法程序 Release，关闭当前窗口
```

（10）保存并运行表单 EXP6_3，在命令窗口中执行：

```
Do Form EXP6_3
```

5. 思考题

（1）隐藏与关闭窗口有哪些异同点？如何修改对象的属性使对象隐藏或显示？

（2）如何使表单运行时没有最大化和最小化按钮？

6.4 绘制简单图形

1. 实验目的

学习简单绘画图形程序的设计方法，了解对象的事件、方法程序以及结构化程序设计在面向对象程序设计中的作用，掌握带参数的事件和方法程序的调用及其参数的引用。

2. 实验要求

在表单运行（如图 6.6 所示）过程中，以鼠标在表单上拖动的线段长度为最大圆的直径，以线段中心点为圆心画 10 个同心圆，并通过直线将圆分成 4 等分；当鼠标双击表单时，擦除表单上绘画的内容。

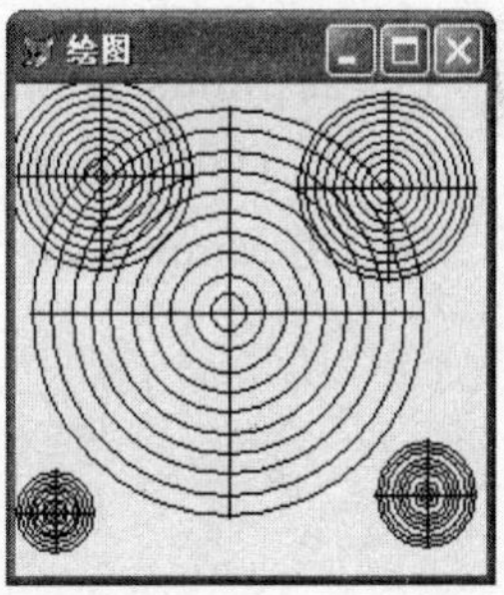

3. 注意事项

需要在 MouseDown 和 MouseUp 事件中编写事件代码，以便确定圆心和半径。

图 6.6 绘图窗口

4. 实验步骤

（1）在命令窗口中执行：

```
Create Form EXP6_4
```

（2）在表单设计器中，选择"属性"窗口中的 Caption 属性，其值设为：绘图。

（3）鼠标双击表单，在代码编辑器中选择"对象"为 Form1，"过程"为 Init，编写如下代码：

```
Public X1,Y1              && 说明 X1 和 Y1 为公共变量，以便在所有事件代码中都能引用
Store 0 To X1,Y1          && 用于记载鼠标拖动的开始点
```

（4）在代码编辑器中选择"过程"为 MouseDown，编写如下代码：

```
LPARAMETERS nButton,nShift,nXCoord,nYCoord        && 系统提供的参数语句
X1=nXCoord                          && 鼠标拖动的开始点 X 轴 (nXCoord) 存于变量 X1
Y1=nYCoord                          && 鼠标拖动的开始点 Y 轴 (nYCoord) 存于变量 Y1
```

（5）在代码编辑器中选择"过程"为 MouseUp，编写如下代码：

```
LPARAMETERS nButton,nShift,nXCoord,nYCoord          && 系统提供的参数语句
R=Sqrt(Abs(nXCoord-X1)^2+Abs(nYCoord-Y1)^2)/2       && 最大圆的半径存于变量 R
X=(X1+nXCoord)/2                                     &&X 轴方向中心点(圆心)存于变量 X
Y=(Y1+nYCoord)/2                                     &&Y 轴方向中心点(圆心)存于变量 Y
R1=Max(1,R/10)                                       && 最小圆的半径存于变量 R1
For I=R1 To R Step R1                                && 循环调用方法程序 Circle,以 I 为半径画 10 个圆
    ThisForm.Circle(I,X,Y)
Next
ThisForm.Line(X-R,Y,X+R,Y)                           && 调用方法程序 Line 画水平线
ThisForm.Line(X,Y-R,X,Y+R)                           && 调用方法程序 Line 画垂直线
```

（6）在代码编辑器中选择"过程"为 DblClick，编写如下代码：

```
ThisForm.Cls                       && 调用方法程序 Cls 擦除表单上的信息
```

（7）保存并运行表单 EXP6_4，在命令窗口中执行：

```
Do Form EXP6_4
```

5. 思考题

（1）将 MouseDown 事件下的代码换到 Click 事件下会产生什么问题？

（2）将 DblClick 事件下的代码换到 Click 事件下会产生什么现象？

（3）在 MouseDown 事件下系统生成了参数语句，如果删除此语句会产生什么问题？

6.5　测试表单类型

1. 实验目的

学习设计顶层表单、子表单和模式表单，了解各类表单的运行方式和表现行为，掌握各类表单的设计方法和用途，能根据实际需要正确选择表单的类型。

2. 实验要求

设计如图 6.7 所示的顶层表单。在运行表单过程中，单击某个命令按钮将打开相关类型的表单，注意观察各个表单的打开位置和特征。

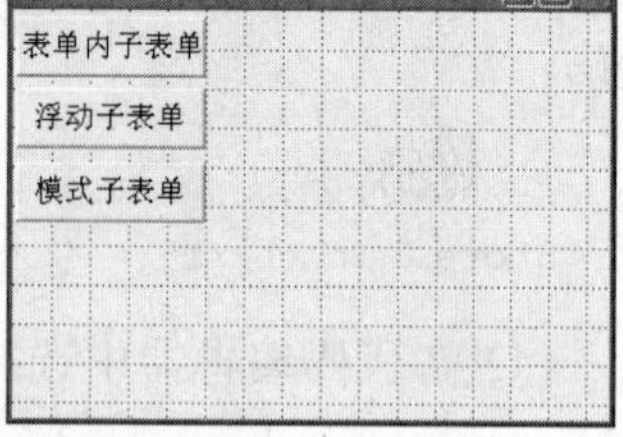

图 6.7　顶层表单

3. 注意事项

表单的父子关系不仅与 ShowWindow 属性值有关，还与表单的运行位置有关；子表单限定显示在顶层表单中或浮动，由 DeskTop 属性值决定。WindowType 属性用于设置模式或无模式表单。

4. 实验步骤

（1）在命令窗口中执行：

```
Create Form EXP6_5_1
```

在属性窗口中设 Caption 的值为："表单内子表单"；ShowWindow 的值为："1—在顶层表单中"；Height 的值为：200；Width 的值为：200；AutoCenter 的值为：.T.。

（2）在命令窗口中执行：

```
Create Form EXP6_5_2
```

在属性窗口中设 Caption 的值为：浮动子表单；ShowWindow 的值为："1—在顶层表单中"；Height 的值为：200；Width 的值为：200；AutoCenter 的值为：.T.；DeskTop 的值为：.T.。

（3）在命令窗口中执行：

```
Create Form EXP6_5_3
```

在属性窗口中设 Caption 的值为：模式子表单；ShowWindow 的值为："1—在顶层表单中"；Height 的值为：200；Width 的值为：200；AutoCenter 的值为：.T.；WindowType 的值为："1—模式"。

（4）在命令窗口中执行：

```
Create Form EXP6_5
```

在属性窗口中，设其 Caption 的值为：顶层表单；ShowWindow 的值为："2—作为顶层表单"。

（5）在表单设计器中，分别添加命令按钮 Command1、Command2 和 Command3，设 Caption 的值分别为：表单内子表单、浮动子表单和模式子表单。

（6）鼠标双击"表单内子表单"按钮，在代码编辑器中选择"过程"为 Click，编写如下代码：

```
Do Form EXP6_5_1
```

（7）在代码编辑器中选择"对象"为 Command2，"过程"为 Click，编写如下代码：

```
Do Form EXP6_5_2
```

（8）在代码编辑器中选择"对象"为 Command2，"过程"为 Click，编写如下代码：

```
Do Form EXP6_5_3
```

（9）保存并运行表单 EXP6_5，在命令窗口中执行：

```
Do Form EXP6_5
```

5. 思考题

（1）运行"模式子表单"的过程中，能否操作其他表单？通常将什么窗口设计为模式表单?

(2) 将子表单设为显示在顶层表单中或浮动,这两种形式有何异同? 当关闭、隐藏或最小化顶层表单时,哪种操作将影响浮动子表单?

6.6 数据环境及其作用

1. 实验目的

学习设计表单的数据环境,了解数据环境中数据对象之间关联的作用,掌握由数据环境向表单中添加控件的简捷方法。

2. 实验要求

设计一个表单,表单中包含民族信息和学生信息两个表格。在表单运行(如图 6.8 所示)过程中,学生信息表格显示民族信息表格中当前民族的学生信息。

图 6.8 数据环境及其作用

3. 注意事项

在数据环境中 MZB 和 XSB 建立关联时,要确保 MZB 为主表,XSB 为子表。

4. 实验步骤

(1) 在命令窗口中执行:

```
Create Form EXP6_6
```

(2) 从表单的右击菜单中选择"数据环境",将 MZB 和 XSB 添加到数据环境中。

(3) 如果两个表没有永久性关联,则需要建立临时关联。用鼠标将 MZB 表中的"民族码"字段拖至 XSB 表中的"民族码"字段上,建立两个表之间的关联。

(4) 在数据环境设计器中,分别拖动数据对象 MZB 和 XSB 的窗口标题栏到表单上,产生 2 个表格。

(5) 保存并运行表单 EXP6_6,在命令窗口中执行:

Do Form EXP6_6

在表单运行过程中,从民族信息表格中选择不同的民族,观察学生信息表格中数据的变化情况。

5. 思考题

(1) 在数据环境中移去表时,能从磁盘上删除表文件吗? 与其有关的关联仍然存在吗?

(2) 在表单运行过程中,从学生信息表格中选择不同的学生,民族信息表格中的数据是否发生变化?

(3) 在数据环境中 MZB 与 XSB 建立关联时,如果 XSB 为主表,MZB 为子表,则进行上述操作,结果有何不同?

第7章

控件设计及应用

7.1 设计四则运算的表单

1. 实验目的

学习设计表单,学会利用表单、命令按钮、标签和文本框控件设计实用程序,掌握面向对象程序设计的基本思想以及对象的事件和属性在程序设计中的作用。

2. 实验要求

设计如图 7.1 所示的"四则运算表单"对话框。表单运行时,在 Text1 文本框和 Text2 文本框中输入数值,单击"加"、"减"、"乘"或"除"按钮,则进行相应的计算,并将计算结果显示于 Text3 文本框中。

3. 注意事项

文本框可以接收的数据类型与 Value 的初值有关。本题中各文本框的 Value 属性初始值均为数值 0。

图 7.1 "四则运算表单"对话框

4. 实验步骤

(1) 在命令窗口中执行:

```
Create Form EXP7_1
```

(2) 在属性窗口中,将 Form1 的 Caption 值设置为:"四则运算表单"。

(3) 在表单上分别建立标签 Label1、Label2 和 Label3,其 Caption 属性值分别为:值1、值 2 和结果。

(4) 在表单上分别建立文本框 Text1、Text2、Text3,其 Value 属性值均设置为 0,Text3 的 ReadOnly 属性的值为:.T.。

(5) 在表单上分别建立命令按钮 Command1、Command2、Command3 和 Command4,其 Caption 属性值分别为:加、减、乘和除。

（6）双击"加"按钮，在代码编辑器中，选择"过程"为 Click，编写如下代码：

```
ThisForm.Text3.Value=ThisForm.Text1.Value+ThisForm.Text2.Value
```

（7）在代码编辑器中，选择"对象"为 Command2，"过程"为 Click，编写如下代码：

```
ThisForm.Text3.Value=ThisForm.Text1.Value-ThisForm.Text2.Value
```

（8）在代码编辑器中，选择"对象"为 Command3，"过程"为 Click，编写如下代码：

```
ThisForm.Text3.Value=ThisForm.Text1.Value * ThisForm.Text2.Value
```

（9）在代码编辑器中，选择"对象"为 Command4，"过程"为 Click，编写如下代码：

```
ThisForm.Text3.Value=ThisForm.Text1.Value/ThisForm.Text2.Value
```

（10）保存并运行表单 EXP7_1.SCX。

5．思考题

（1）如果文本框 Text1 或 Text2 的 Value 初始值为"无"，则运行表单时会遇到什么问题？

（2）如果在 Text2 上输入 0，单击"除"按钮，则会产生什么问题？如何修改程序解决这类问题？

（3）如何改进表单使之能对小数进行运算？

7.2　设计图像浏览器

1．实验目的

学习图像浏览器的设计过程和方法，掌握组合框、列表框、微调器和图像等多个控件结合相互作用的方法，学会选择和设置控件的属性，能设计实用程序。

2．实验要求

设计如图 7.2 所示的表单，要求在组合框中选择文件类型（＊.BMP、＊.JPG 和 ＊.GIF），在列表框中显示默认目录中对应类型的文件名，在列表框中选定某个文件名时，在表单上显示其图像。并通过微调器能调整图像的高度和宽度。

图 7.2　"图像浏览"窗口

3．注意事项

（1）图像文件要放在默认目录中。

（2）要正确设置组合框和列表框的 RowSourceType 和 RowSource 属性的值。

4. 实验步骤

（1）在命令窗口中执行：

```
Create Form EXP7_2
```

（2）在属性窗口中将 Form1 的 Caption 值设置为："图像浏览"。

（3）在表单上建立标签 Label1、Label2 和 Label3，设其 Caption 属性值分别为：类型、调宽度和调高度。

（4）在表单上建立组合框 Combo1，设其 RowSourceType 属性值为："1-值"；RowSource 属性值为：＊.BMP，＊.JPG，＊.GIF；Style 属性值为："2-下拉列表框"。

（5）在表单上创建列表框 List1，设其 RowSourceType 属性值为："7-文件"；RowSource 属性值为：＊.JPG。

（6）在表单上创建图像 Image1，设其 Stretch 属性值为："2-变比填充"。

（7）在表单上创建微调器 Spinner1 和 Spinner2，设两个控件的 SpinnerLowValue 和 KeyBoardLowValue 属性值均为：0；设 Spinner1 的 Value 值为：＝ThisForm.Image1.Width；设 Spinner2 的 Value 值为：＝ThisForm.Image1.Height。

（8）鼠标双击表单上的 Combo1，在代码编辑器中，选择"对象"为 Combo1，"过程"为 InteractiveChange，编写如下代码：

```
ThisForm.List1.RowSource=This.Value
```

（9）选择"对象"为 List1，"过程"为 InteractiveChange，编写如下代码：

```
ThisForm.Image1.Picture=This.Value
```

（10）选择"对象"为 Spinner1，"过程"为 InteractiveChange，编写如下代码：

```
ThisForm.Image1.Width=This.Value
```

（11）选择"对象"为 Spinner2，"过程"为 InteractiveChange，编写如下代码：

```
ThisForm.Image1.Height=This.Value
```

（12）保存并运行表单 EXP7_2.SCX。

5. 思考题

（1）要显示任意目录下的图像文件，应该如何修改设计？

（2）如果将各个控件的 InteractiveChange 事件下的代码改在 Click 事件下，则将产生什么效果？

7.3 设计应用程序的登录窗口

1. 实验目的

学习应用程序登录及其类似的窗口设计方法,了解表单属性 WindowType 和文本框属性 PasswordChar 的值对对象特征的影响,掌握模式表单的运行行为、意义和基本用途。

2. 实验要求

(1) 建立表 UTB,包含字段:用户名 C(6)、密码 C(6),并输入一些数据记录。

(2) 设计一个主表单,其中有"登录"、"四则运算"和"图像浏览"3 个命令按钮。表单运行时,单击"登录"按钮打开如图 7.3 所示的表单,仅当用户名和密码都正确后,才可以操作"四则运算"和"图像浏览"按钮,分别在主表单中打开实验 7.1 和实验 7.2 中建立的表单。

图 7.3 应用程序登录窗口

3. 注意事项

(1) 在关闭模式表单(WindowType 属性的值为 1)之前,不能操作其他表单。

(2) 要使一个表单成为主表单的子表单,必须将其 ShowWindow 属性的值设为 1,将主表单的 ShowWindow 属性的值设为 2。

4. 实验步骤

(1) 在命令窗口中依次执行:

```
Create Table UTB(用户名 C(6),密码 C(6))
Insert Into UTB Values('赵雪丹','654321')
Insert Into UTB Values('钱有方','135790')
```

(2) 在命令窗口中执行:

```
Create Form EXP7_3_1
```

(3) 将表 UTB 添加到表单 EXP7_3_1 的数据环境中,在表单上添加控件及其属性值如表 7.1 所示,表单上的布局如图 7.3 所示。

(4) 双击表单 EXP7_3_1,在代码编辑器中,选择"过程"为 Init,编写如下代码:

```
Public N              && 定义公共变量 N,统计用户输入密码次数
N=0
```

(5) 选择"过程"为 Destroy,编写如下代码

```
Release N             && 关闭表单时清除内存变量 N
```

表 7.1 表单 EXP7_3_1 中的控件及其属性

对象名	属性名	属性值	说　明
Form1	Caption	应用程序主窗口	
	AutoCenter	.T.	使表单运行时自动居中于主窗口内
	WindowType	1	模式表单
	ShowWindow	1	在顶层表单中
Label1	Caption	用户名：	
Label2	Caption	密码：	
Combo1	RowSourceType	6	字段
	RowSource	用户名	
Text1	InputMask	999999	设置密码最多为 6 位数字
	PasswordChar	*	输入密码时显示：*
Command1	Caption	确认\<O	热键 ALT＋O
	Default	.T.	按回车键，触发其 Click 事件
Command2	Caption	退出\<E	热键 ALT＋E
	Cancel	.T.	按 ESC 键，触发其 Click 事件

(6) 选择"对象"为 Command1，"过程"为 Click，编写判断用户名及密码的代码如下：

```
YHM=AllTrim(ThisForm.Combo1.Value)                    && 去掉用户名中的首尾空格
MM=AllTrim(ThisForm.Text1.Value)                      && 去掉密码中的首尾空格
Locate For AllTrim(用户名)==YHM And AllTrim(密码)==MM
If Found( )
    MessageBox("用户名和密码正确,欢迎进入本系统!","提示")
    EXP7_3.Command2.Enabled=.T.                       && 使"四则运算"按钮可用
    EXP7_3.Command3.Enabled=.T.                       && 使"图像浏览"按钮可用
    ThisForm.Release                                  && 关闭登录窗口
Else
    N=N+1
    If N=3
        MessageBox("三次输入均错误,禁止进入系统!","警告")
        EXP7_3.Command2.Enabled=.F.                   && 使"四则运算"按钮不可操作
        EXP7_3.Command3.Enabled=.F.                   && 使"图像浏览"按钮不可操作
        ThisForm.Release
    Else
        MessageBox("用户名或密码错误! 请您重新输入","提示")
        ThisForm.Text1.Value=""                       && 清空密码输入区
    EndIf
EndIf
```

(7) Command2 的 Click 事件代码，关闭表单操作：

```
ThisForm.Release
```

(8) 分别打开表单 EXP7_1 和 EXP7_2,在属性窗口中,设置其 ShowWindow 属性值均为:1(在顶层表单中),AutoCenter 属性值均为:.T.。

(9) 在命令窗口中执行:

```
Create Form EXP7_3
```

(10) 在属性窗口中,设置 EXP7_3 的 Caption 属性值为:应用程序主窗口;ShowWindow 属性的值为:2(作为顶层表单);Height 属性值为:500;Width 属性值为:600。

(11) 在表单上分别建立命令按钮 Command1、Command2 和 Command3,设置其 Caption 属性值分别为:"登录"、"四则运算"和"图像浏览";设置 Command2 和 Command3 的 Enabled 属性值均为:.F.。

(12) 双击"登录"按钮,在代码编辑器中,选择"过程"为 Click,编写如下代码:

```
Do Form EXP7_3_1
```

(13) 在代码编辑器中,选择"对象"为 Command2,"过程"为 Click,编写如下代码:

```
Do Form EXP7_1
```

(14) 在代码编辑器中,选择"对象"为 Command3,"过程"为 Click,编写如下代码:

```
Do Form EXP7_2
```

(15) 保存并运行表单 EXP7_3.SCX。

5. 思考题

(1) 在表单 EXP7_3 运行过程中,如何同时打开"四则运算"、"图像浏览"和"登录"3个窗口? 关闭"应用程序主窗口"时,还能自动关闭哪些窗口?

(2) 要使子窗口能在主窗口之外显示,需要修改哪些内容?

7.4 设计浏览数据的表单

1. 实验目的

学习实用程序的设计过程和方法,掌握命令按钮组、形状和 OLE 绑定型等控件的作用和基本用法,学会面向对象与结构化程序设计方法相结合设计解决实际问题的表单。

2. 实验要求

设计如图 7.4 所示的表单。在表单运行过程中,单击命令按钮组中的按钮时,变换当前学生的信息,同时,根据学生信息所在的记录改变进度尺的位置。

图 7.4 数据浏览表单

3. 注意事项

(1) 在数据环境中 MZB 和 XSB 建立关联时,要确保 XSB 为父表,MZB 为子表。

(2) 当前显示"第一个"学生信息时,要使"第一个"和"上一个"按钮不可用;当前显示"最后一个"学生信息时,要使"最后一个"和"下一个"按钮不可用,避免无用的操作或移动记录指针时程序出错。

(3) 在表中移动记录指针后,要及时刷新(Refresh)表单,以便保持当前记录与表单中显示数据的同步性。

4. 实验步骤

(1) 在命令窗口中执行:

```
Create Form EXP7_4
```

(2) 在属性窗口中将 Form1 的 Caption 值设置为:学生信息浏览。

(3) 从表单的右击菜单中选择"数据环境",从数据环境设计器的右击菜单中选择"添加",将 MZB 和 XSB 添加到数据环境中。

(4) 在数据环境设计器中,用鼠标将 XSB 表中的"民族码"字段拖至 MZB 表中的"民族码"字段,建立两个表之间的关联,父表为 XSB,子表为 MZB。

(5) 在数据环境设计器,分别拖动简历、学号、性别码、照片、姓名、民族名称和出生日期字段到表单中,设置 olb 照片的 Stretch 属性值为:2-变比填充。

(6) 在表单中添加 Shape1 和 Shape2 控件(二者重叠),设置 Shape1 的 SpecialEffect 属性值设为:0-3 维;设置 Shape2 的 FillStyle 属性值设为:0-实线。添加命令按钮组 Commandgroup1,设置 ButtonCount 属性值设为:4,布局为水平,其中各个按钮的 Caption 属性值依次为:第一个、上一个、下一个和最后一个;"第一个"和"上一个"按钮的 Enabled 属性值均为:.F.。并适当调整表单上各个控件位置(如图 7.4 所示)。

(7) 鼠标双击表单,在代码编辑器中,选择"过程"为:Init,编写如下代码:

```
Set Century On
Set Date ANSI                    && 设置日期格式为:年.月.日
```

(8) 选择"对象"为 CommandGroup1,选择"过程"为 Click,编写如下代码:

```
X=This.Value
Select XSB
Y=ThisForm.Shape1.Width/IIf(RecCount()=0,1,RecCount())
Do case
Case X=1
    Go Top
Case X=2
    Skip-1
Case X=3
    Skip
```

```
Case X = 4
    Go Bottom
EndCase
ThisForm.Shape2.Width = Y * RecNo()
This.Command1.Enabled = (Recno()<>1)
This.Command2.Enabled = (Recno()<>1)
This.Command3.Enabled = (Recno()<>RecCount())
This.Command4.Enabled = (Recno()<>RecCount())
ThisForm.Refresh
```

（9）保存并运行表单 EXP7_4. SCX。

5. 思考题

（1）如果在 CommandGroup1 的 Click 事件代码中没有 ThisForm. Refresh 语句，将产生什么问题？

（2）数据环境中的关联，如果父表为 MZB，子表为 XSB，则将产生什么问题？

（3）在表单运行过程中，修改后的学生信息能否存储到表中？如何修改程序使用户不能修改数据？

7.5　设计组合查询表单

1. 实验目的

学习设计带有组合查询条件的表单，了解文本框、组合框和表格控件及其常用属性的作用，掌握控件与数据表中数据动态结合的方法和设计过程，学会设计比较实用的应用程序。

2. 实验要求

设计如图 7.5 所示的表单。运行表单时要求：

（1）当单击"查询"按钮时，按选定条件查询学生信息。如果"查询条件 2"输入查询值，则按"条件关系"组合两个查询条件进行查询，否则仅按"查询条件 1"进行查询。

（2）当单击"重置"按钮时，清空所有查询条件

3. 注意事项

（1）由于表格中显示的数据条件是动态确定的，因此，表格的 RecordSourceType 属性值可设为：1-别名或 4-SQL 说明，但 RecordSource 属性值应该与之匹配。本题将 RecordSourceType 属性值设为：4-SQL 说明，

图 7.5　"组合查询"窗口

RecordSource 属性值应该以字符串形式在程序运行时动态填写。

(2) 表单运行时，表 MZB 和 XSB 应该在文件默认目录中。

4. 实验步骤

(1) 在命令窗口中执行：

Create Form EXP7_5

(2) 表单上添加的对象及其属性如表 7.2 所示，控件布局见图 7.5 所示。

表 7.2　表单 EXP7_5 中控件及其属性

对象名	属 性	属 性 值	说 明
Form1	Caption	组合查询	
Label1	Caption	查询条件 1	
Combo1	RowSource	学号,姓名,性别码,出生日期,MZB.民族码	设置"查询条件 1"字段
	RowSourceType	1-值	
	Style	2-下拉列表框	
Combo2	RowSource	<>,=,>,>=,<,<=	设置"查询条件 1"运算符
	RowSourceType	1-值	
	Style	2-下拉列表框	
Text1			输入"查询条件 1"的数据
Label2	Caption	查询条件 2	
Combo3	RowSource	学号,姓名,性别码,出生日期,MZB.民族码	设置"查询条件 2"字段
	RowSourceType	1-值	
	Style	2-下拉列表框	
Combo4	RowSource	<>,=,>,>=,<,<=	设置"查询条件 2"运算符
	RowSourceType	1-值	
	Style	2-下拉列表框	
Text2			输入"查询条件 2"的数据
Label3	Caption	条件关系：	
Optiongroup1	ButtonCount	2	选择两个查询条件的关系
	Value	1	
Optiongroup1.Option1	Caption	并且	
Optiongroup1.Option2	Caption	或者	

对象名	属　性	属　性　值	说　明
Label4	Caption	查询结果:	
Grid1	RecordSourceType	4-SQL 说明	
Command1	Caption	查询	
Command2	Caption	重置	

(3) 双击表单,在代码编辑器中,选择"过程"为 Init,编写如下代码:

```
Set Century On
Set Date ANSI                      && 设置日期格式为:年.月.日
```

(4) 选择"对象"为 Command1,"过程"为 Click,编写如下代码:

```
F1=ThisForm.Combo1.Value           &&F1 接收查询条件 1 的字段名
F2=ThisForm.Combo3.Value           &&F2 接收查询条件 2 的字段名
X1=ThisForm.Text1.Value            &&X1 接收查询条件 1 的数据
X2=ThisForm.Text2.Value            &&X2 接收查询条件 2 的数据
OP1=ThisForm.Combo2.Value          &&OP1 接收查询条件 1 运算符
OP2=ThisForm.Combo4.Value          &&OP2 接收查询条件 2 运算符
X1=IIf(Type('&F1')='D',Ctod(X1),X1)   && 若字段为日期型,则文本框上的数据转为日期
X2=IIf(Type('&F2')='D',Ctod(X2),X2)   && 若字段为日期型,则文本框上的数据转为日期
C1=F1+OP1+'X1'                     && 组合查询条件 1 的表达式存于 C1 中
C2=F2+OP2+'X2'                     && 组合查询条件 2 的表达式存于 C21 中
S="Select 学号,姓名,IIf(性别码='1','男','女')As 性别,出生日期,民族名;
    From MZB Join XSB On Mzb.民族码=Xsb.民族码;
    Into Cursor temp Where &C1"    && 以字符形式组织含查询条件 1 的 Select 语句
If Len(AllTrim(X2))=0
    ThisForm.Grid1.RecordSource=S  && 无查询条件 2
Else
    If ThisForm.Optiongroup1.Value=1
        ThisForm.Grid1.RecordSource=S+"And &C2"        && 加并且关系
    Else
        ThisForm.Grid1.RecordSource=S+"Or &C2"         && 加或者关系
    EndIf
EndIf
```

(5) 在代码编辑窗口,选择"对象"为 Command2,"过程"为 Click,输入如下代码:

```
ThisForm.Combo1.Value=''
ThisForm.Combo2.Value=''
ThisForm.Combo3.Value=''
ThisForm.Combo4.Value=''
ThisForm.Text1.Value=''
ThisForm.Text2.Value=''
```

```
ThisForm.Optiongroup1.Value=1
ThisForm.Grid1.RecordSource=''
```

（6）保存并运行表单 EXP7_5.SCX。

5. 思考题

（1）如果表格的 RecordSourceType 属性设为其他值，如何实现本题功能？

（2）在 Command1 的 Click 事件代码中，如果不使用宏替换（&），如何修改程序才能满足实验要求？

（3）如何对逻辑型字段进行查询？

7.6　设计可选择表和字段的表单

1. 实验目的

学习从任意表中选择某些字段的程序设计方法和过程，掌握组合框、列表框和表格的基本用途及其常用属性、事件和方法程序的应用方法，学会动态选择数据项的查询窗口的设计方法。

2. 实验要求

在运行表单过程中（如图 7.6 所示），在组合列表框中选择"表名"后，在"可用字段"列

表框中显示当前表中全部字段名；当单击">"按钮时，将"可用字段"中选定的字段添加到"查询字段"列表框中；当单击"<"按钮时，完成相反的操作；当单击"查询"按钮时，将查询出当前表的"查询字段"中的数据，并显示在表格中；当单击"关闭"按钮时，关闭当前窗口。

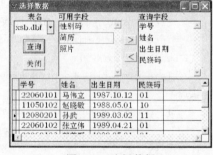

图 7.6　选择数据

3. 注意事项

（1）本题将表格控件的 RecordSourceType

属性值设为：1-别名（默认值），在表单运行时需要用字符串填写其 RecordSource 属性值。

（2）当调用系统方法程序添加或删除列表框中的数据行时，列表框的 RowSourceType 属性值只能为 0（默认值）、1（值）或 8（结构）。

4. 实验步骤

（1）在命令窗口中执行：

```
Create Form EXP7_6
```

在属性窗口中将表单的 Caption 属性值设为：选择数据。

（2）在表单中添加表格（Grid1），并添加 3 个标签（Label1、Label 2、Label3），其 Caption 属性值分别为：表名、可用字段和查询字段。

（3）添加组合框 Combo1，设置 RowSource 属性值为：＊.DBF；RowSourceType 属性值为：7（文件）；Style 属性值为：2（下拉列表框）。

（4）添加列表框 List1，设置 MultiSelect 属性值为：.T.；RowSourceType 属性值为：8（结构）。用于显示"可用字段"。

（5）添加列表框 List2，设置 MultiSelect 属性值为：.T.。用于显示"查询字段"。

（6）添加 4 个命令按钮：设置 Command1 的 Caption 属性值为：＞；Command2 的 Caption 属性值为：＜；Command3 的 Caption 属性值为：查询；Command4 的 Caption 属性值为：关闭。

（7）双击表单，在代码编辑器中，选择"过程"为 Init，编写如下代码：

```
Set Century On
Set Date ANSI                    && 设置日期格式为：年.月.日
```

（8）在代码编辑器中，选择"对象"为 Combo1，选择"过程"为 InteractiveChange，编写如下代码：

```
Close DataBase All
FN=This.Value
ThisForm.List1.Clear            && 清除列表框中的内容
ThisForm.List2.Clear
If Not File(FN)
    Return
EndIf
Use &FN                         && 需要打开列表框的数据源
ThisForm.List1.RowSource=FN     && 用表别名动态修改数据源
```

（9）选择"对象"为 Command1，选择"过程"为 Click，编写如下代码：

```
I=1
Do While I<=ThisForm.List1.ListCount
    IF ThisForm.List1.Selected(I)
        ThisForm.List2.AddItem(ThisForm.List1.List(I))    && 添加到 List2
        ThisForm.List1.RemoveItem(I)                      && 从 List1 中删除
        Loop
    EndIf
    I=I+1
EndDo
```

（10）选择"对象"为 Command2，选择"过程"为 Click，编写如下代码：

```
I=1
Do While I<=ThisForm.List2.ListCount
    IF ThisForm.List2.Selected(I)
```

```
        ThisForm.List1.AddItem(ThisForm.List2.List(I))    && 添加到 List1
        ThisForm.List2.RemoveItem(I)                        && 从 List2 中删除
        Loop
    EndIf
    I=I+1
EndDo
```

(11) 选择"对象"为 Command3,选择"过程"为 Click,编写如下代码:

```
ThisForm.Grid1.ColumnCount=-1              && 将表格中的列数设为默认值
FN=ThisForm.Combo1.value
If Not File(FN)
    MessageBox(FN+'表文件不存在！','提示')
    Return
EndIf
S=''
For I=1 To ThisForm.List2.ListCount
    S=S+ThisForm.List2.List(I)+','         && 生成要查询的字段名表
Next
S=IIf(Len(S)=0,' * ',Left(S,Len(S)-1))     && 没选字段,则查询全部字段,
                                            && 选了字段时,去掉最后一个逗号

Select &S From &FN Into Cursor TM          && 将查询结果存于临时表 TM,别名为 TM
ThisForm.Grid1.RecordSource="TM"           && 用临时表别名 TM 作为表格的数据源
```

(12) 选择"对象"为 Command4,选择"过程"为 Click,编写如下代码:

```
ThisForm.Release
```

(13) 在表单的 Destroy 事件中编写代码:

```
Close DataBase All
```

(14) 保存表单,在命令窗口中执行:

```
Do Form EXP7_6
```

5. 思考题

(1) 本实验与 7.5 节类似,都将查询结果显示在表格中。二者在设计方法上有哪些异同点? 哪种方法必须使用宏替换(&)才能实现?

(2) 如果将组合框 Combo1 的 InteractiveChange 事件下的程序代码改在 Click 事件下,则能否完成本实验的要求? 在执行表单时,两种设计方法有哪些区别? 哪种设计方法更合理?

(3) 运行表单时,能否将表格控件中修改的数据保存到当前数据表中? 为什么?

(4) 在 Command1 和 Command2 的 Click 事件代码中,如果将 Do While 循环改成 For 循环,将会产生什么问题?

7.7　设计输出数据的表单

1．实验目的

学习各种输出数据的应用程序的设计方法和过程，掌握 SQL 语言与表单控件结合、查询结果存于动态文件名中的基本方法和技巧，学会通过表单、控件、SQL 语句结合设计查询和保存数据的实用表单。

2．实验要求

运行表单过程中（如图 7.7 所示），在组合列表框中选择"学院"和"课程"后，当单击"查询"按钮时，按总分由高到低在表格中显示满足条件的学号、姓名和总分（考试成绩＋课堂成绩＋实验成绩）；当单击"打印"按钮时，在打印机上输出表格中显示的数据；当单击"保存到表文件"按钮时，将表格中显示的数据保存到表文件＜学院名＞_＜课程名＞.DBF 中（如，法学院_大学计算机基础.DBF）；当单击"保存到文本文件"按钮时，将表格中显示的数据保存到文本文件＜学院名＞_＜课程名＞.TXT 中。

图 7.7　输出数据

3．注意事项

（1）在 VFP 中没有打印和保存表格中数据的方法程序，要完成这些功能，可以通过 VFP 命令和 SQL 语句按表格中提取数据的条件和排序方式整理数据，再打印或保存这些数据。

（2）在保存文件时，文件名中不能包含空格符号。

4．实验步骤

（1）在命令窗口中执行：

```
Create Form EXP7_7
```

（2）从表单的右击菜单中选择"数据环境"，向数据环境中添加表 XYB 和 KCB。

（3）在表单中添加控件，设置组合框 Combo1 的属性 RowSourceType 值为："8—字段"，RowSource 值为："学院码＋学院名"，Style 值为："2—下拉列表框"；设置组合框 Combo2 的属性 RowSourceType 值为："8—字段"，RowSource 值为："课程码＋课程名"，Style 值为："2—下拉列表框"；设置表格 Grid1 的 RecordSourceType 值为："4—SQL 说明"。其他控件及其属性值如图 7.7 所示或使用默认值。

（4）鼠标双击表单上的命令按钮组 CommandGroup1，在代码编辑器中，选择"过程"为 Click，编写如下代码：

```
YM=Left(ThisForm.Combo1.Value,2)                    && 取学院码存于内存变量 YM
KM=Left(ThisForm.Combo2.Value,6)                    && 取课程码存于内存变量 YM
FN=AllTrim(Substr(ThisForm.Combo1.Value,3))+;
    "_"+AllTrim(Substr(ThisForm.Combo2.Value,7))      && 组织文件主名
X=This.Value
Do case
Case X=1                        && 查询按钮,数据显示在 Grid1 中
    Y="Select XSB.学号,姓名,考试成绩+课堂成绩+实验成绩 As 总分;
        From XSB,CJB Where XSB.学号=CJB.学号 And Left(XSB.学号,2)=YM And 课程码=KM;
        Order By 3 DESC Into Cursor TM"              && 以字符串形式组织 Select 语句
    ThisForm.Grid1.RecordSource=Y                    && 用 Select 语句修改 Grid1 的数据源
Case X=2                                && 打印按钮
    Select XSB.学号,姓名,考试成绩+课堂成绩+实验成绩 As 总分;
        From XSB,CJB Where XSB.学号=CJB.学号 And Left(XSB.学号,2)=YM;
        And 课程码=KM Order By 3 DESC To Printer
Case X=3                                        && 保存到表文件按钮
    Select XSB.学号,姓名,考试成绩+课堂成绩+实验成绩 As 总分 From XSB,CJB;
        Where XSB.学号=CJB.学号 And Left(XSB.学号,2)=YM And 课程码=KM;
        Order By 3 DESC Into Table &FN
Case X=4                                        && 保存到文本文件按钮
    Select XSB.学号,姓名,考试成绩+课堂成绩+实验成绩 As 总分 From XSB,CJB;
        Where XSB.学号=CJB.学号 And Left(XSB.学号,2)=YM And 课程码=KM;
        Order By 3 DESC To File &FN
EndCase
```

（5）在代码编辑器中，选择"对象"分别为 Combo1 和 Combo2，选择"过程"为 InterActiveChange，编写代码均为：

```
ThisForm.Grid1.RecordSource=''                        && 清除表格中的数据
```

（6）保存并运行表单 EXP7_7.SCX。

5. 思考题

（1）在程序代码中，何时直接执行 Select 语句？何时将其作为字符串使用？

（2）如果通过 VFP 命令整理要打印或存盘的数据，应该如何修改程序代码？哪种方法更简捷？

7.8 设计登录网络的表单

1. 实验目的

学习连接网络的应用程序设计方法和过程，掌握计时器和超级链接的作用以及表格控件数据绑定的意义，了解网络浏览器中"收藏夹"的工作原理，学会利用数据库编写网站

的管理程序。

2. 实验要求

（1）建立表 WZB.DBF,包含字段有：网站名 C(20),网络地址 C(30),登录日期 D,登录时间 C(8)。

（2）设计如图 7.8 所示的表单。在表单运行过程中,每隔 1 秒钟在标签 Label1 上显示一次系统时间;单击"增加网站"按钮在表格中增加空白行,允许输入网站信息;单击"删除网站"按钮删除表格中当前行信息;单击"连接网站"按钮,可以登录到表格中当前行的网站上。

图 7.8　上网连接设计表单

（3）对于表格中登录日期和登录时间列中的数据不允许用户修改,由程序自动填写。表格中的信息按登录日期和登录时间降序排列。

3. 注意事项

（1）在运行表单过程中,系统自动隐藏计时器和超链接控件。

（2）要使表格中某列中的数据不可修改,应该将表格对应列控件的 Enabled 属性值设置为.F.。

4. 实验步骤

（1）在命令窗口中执行：

```
Create Table WZB(网站名 C(20),网络地址 C(30),登录日期 D,登录时间 C(8))
Create Form EXP7_8
```

（2）在属性窗口中将 Form1 的 Caption 值设置为：上网连接窗口。

（3）在表单上创建控件标签 Label1、计时器 Timer1 和超链接 HyperLink1。将 Timer1 的 Interval 属性值设为：1000。创建命令按钮组 Commandgroup1,设置 ButtonCount 属性值为：3,其中 3 个按钮的 Caption 属性值分别为："增加网站"、"删除网站"和"连接网站"。

（4）在数据环境设计器中,添加表 WZB,再用鼠标拖动表 WZB 的标题到表单上,产生表格控件 GrdWzb,分别将 Column3 和 Column4 中 Text1 的 Enabled 属性值设为：.F.。

（5）双击表单,在代码编辑器中,选择"过程"为 Init,编写如下代码：

```
Set Delete On
Set Date ANSI
Set Century On
Set Safety Off                        && 建立的文件重名时,系统不提示
Index On Dtoc(登录日期)+登录时间 TAG SJPX Descending
```

（6）在代码编辑器中，选择"对象"为 CommandGroup1，选择"过程"为 Click，编写如下代码：

```
X=This.Value
Do case
Case X=1
    Append Blank                        && 增加一个空记录,以便填写网站信息
Case X=2
    Delete                              && 删除当前记录的网站信息
Case X=3
    ThisForm.HyperLink1.NavigateTo(网络地址)          && 登录网站
    Replace 登录日期 With Date(),登录时间 With Time()  && 填写登录日期及时间
EndCase
ThisForm.Refresh                        && 刷新表单上的数据
```

（7）保存并运行表单 EXP7_8.SCX，运行效果如图 7.9 所示。

图 7.9　上网连接运行窗口

5. 思考题

（1）在运行表单的过程中，系统自动隐藏计时器和超链接控件，在表单中加这些控件的主要作用是什么？

（2）当表格中无网站信息时，要使"删除网站"和"连接网站"按钮不可用，如何修改上述设计？

（3）运行表单时，在表格中输入、删除或修改的数据能否保存到当前数据表中？为什么？

第**8**章

菜单设计及应用

8.1 设置 VFP 系统菜单

1. 实验目的

了解典型菜单系统的结构,掌握设置 VFP 系统菜单的方法和作用。

2. 实验要求

(1) 设置 VFP 主菜单栏,显示"文件"、"编辑"和"工具"系统菜单项,并将此配置指定为默认配置,如图 8.1 所示。

图 8.1 配置后的 VFP 系统菜单

(2) 设置 VFP 主菜单栏中仅显示与当前操作窗口有关的系统菜单项。
(3) 恢复 VFP 系统菜单为默认配置。
(4) 恢复 VFP 系统菜单为最初配置。
(5) 建立程序文件,在浏览 XSB 表中的记录时不显示 VFP 系统菜单,在浏览 CJB 表中的记录时显示 VFP 系统菜单。

3. 注意事项

(1) 设置 VFP 的系统菜单项时,可以使用系统菜单项的弹出式菜单内部名,也可以使用主菜单项内部名。
(2) 设置 VFP 的系统菜单项后,VFP 系统除了显示要求的菜单项外,还显示与当前窗口有关的菜单项。

4. 实验步骤

(1) 在命令窗口中执行:

```
Set Sysmenu To _Msm_File,_Msm_Edit,_Msm_Tools
Set Sysmenu Save                        && 指定当前配置为默认配置
```

（2）在命令窗口中执行：

```
Set Sysmenu To                          && 仅显示与当前窗口有关的系统菜单项
```

（3）在命令窗口中执行：

```
Set Sysmenu To Default                  && 恢复为 VFP 系统菜单的默认配置
```

（4）在命令窗口中执行：

```
Set Sysmenu Nosave                      && 指定 VFP 的初始菜单为默认配置
Set Sysmenu To Default                  && 显示 VFP 系统的初始菜单
```

（5）在命令窗口中执行：

```
Set Default To E:\W50109901             && 设置文件默认目录
Modify Command EXP8_1                   && 建立程序文件 EXP8_1.PRG
```

（6）在程序编辑器中编写下列代码：

```
Use XSB                                 && 打开 XSB 表
Set Sysmenu Off                         && 执行交互性命令时不显示系统菜单
Browse                                  && 浏览表中的记录时,不显示系统菜单
Set Sysmenu On                          && 执行交互性命令时显示系统菜单
Use CJB                                 && 打开 CJB 表
Browse                                  && 浏览表中的记录时,显示系统菜单
Use                                     && 关闭 CJB 表
```

（7）选择"文件"→"保存"。并在命令窗口中执行：

```
Do EXP8_1                               && 执行程序文件 EXP8_1,观察运行结果
```

5. 思考题

（1）VFP 系统菜单的条形菜单内部名是什么？条形菜单中的菜单项都有内部名称吗？有什么作用？

（2）每次执行 Set Sysmenu To Default 命令后,为什么显示的菜单项可能不确定？显示出来的菜单项都与哪些命令有关？

（3）命令 Set Sysmenu On 和 Set Sysmenu Off 的功能是什么？在什么情况下起作用？

8.2　设计应用程序菜单

1. 实验目的

学习创建菜单系统的基本步骤,掌握设计应用程序菜单的过程和方法,熟悉应用程序菜单与 VFP 系统菜单相对位置的设置方法。

2. 实验要求

设计表文件信息管理的应用程序菜单,包含 6 个条形菜单项。显示菜单时,覆盖 VFP 系统菜单,效果如图 8.2 所示。

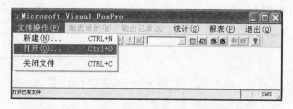

图 8.2　管理表文件信息的应用程序菜单

各个子菜单及菜单项要求如下:

(1) 文件操作(F)	:新建、打开和关闭文件操作。
• 新建(N)Ctrl+N	:建立文件,使用系统菜单项。
• 打开(O)Ctrl+O	:打开文件,使用系统菜单项。
———————	:分组线。
• 关闭文件 Ctrl+C	:关闭全部文件。
(2) 数据维护(M)	:增加、修改和删除当前表中的记录,若没有当前表,则条形菜单项不可用。
• 增加记录 Ctrl+A	:增加当前表中的记录。
• 修改记录 Ctrl+E	:修改当前表中的记录,若当前表为空,则菜单项不可用。
• 删除记录 Ctrl+D	:删除当前表中的当前记录,若指针指向文件结束记录,则菜单项不可用。
(3) 输出记录(R)	:输出当前表中的记录,若没有当前表或表中没有记录,则条形菜单项不可用。
• 全部记录 Ctrl+R	:输出当前表中的当前记录。
• 开始记录 Ctrl+H	:输出第 1 条记录。
• 前一条记录 Ctrl+F	:输出当前记录的前 1 条记录,若当前记录号为 1,则菜单项不可用。
• 后一条记录 Ctrl+B	:输出当前记录的后 1 条记录,若当前记录为表中最后记录或文件结束记录,则菜单项不可用。
• 最后记录 Ctrl+L	:输出最后 1 条记录。
(4) 统计(S)	:弹出对话框,提示:菜单项功能暂时没设计。
(5) 报表(P)	:弹出对话框,提示:菜单项功能暂时没设计。
(6) 退出(Q)	:恢复 VFP 系统菜单的初始配置。

3. 注意事项

(1) 每次修改菜单设计文件内容,都需要重新生成对应的菜单程序文件,以便检验修改后的菜单效果。

（2）运行菜单程序文件时，不能省略文件扩展名 MPR。

4. 实验步骤

（1）在命令窗口中执行：

```
Set Default To E:\W50109901          && 设置文件默认目录
Create Menu EXP8_2                   && 建立菜单文件 EXP8_2
```

在"新建菜单"对话框中，单击"菜单"按钮。在菜单设计器中，设计各个菜单项的内容如表 8.1 所示。设计各个条形菜单项如图 8.3 所示。

表 8.1　菜单项设计内容

主菜单项	子菜单项	结果列	代码/菜单项内部名	快捷方式键	跳过表达式
文件操作(\<F)		子菜单			
	新建(\<N)…	菜单项#	_mfi_new	Ctrl+N	
	打开(\<O)…	菜单项#	_mfi_open	Ctrl+O	
	\-	子菜单			
	关闭文件	命令	Close All	Ctrl+C	
数据维护(\<M)		子菜单			! Used()
	增加记录	命令	Append	Ctrl+A	
	修改记录	命令	Browse	Ctrl+E	RecCount()=0
	删除记录	过程	Delete/Pack	Ctrl+D	EOF()
输出记录(\<R)		子菜单			RecCount()=0
	全部记录	命令	List	Ctrl+R	
	开始记录	过程	Go Top/Display	Ctrl+H	
	前一条记录	过程	Skip-1/Display	Ctrl+F	RecNo()=1
	后一条记录	过程	Skip Display	Ctrl+B	RecNo()>=RecCount()
	最后记录	过程	Go Bottom/Display	Ctrl+L	
统计(\<S)		子菜单			
报表(\<P)		过程			
退出(\<Q)		命令	Set Sysmenu To Default		

（2）单击"显示"菜单的"常规选项"，在"常规选项"对话框中，选择"编辑"→"确定"。在"过程"代码编辑器中编写：

```
MessageBox('菜单项功能暂时没设计!','提示')
```

（3）选择"菜单"→"生成"，保存菜单设计文件 EXP8_2.MNX，并生成菜单程序文件

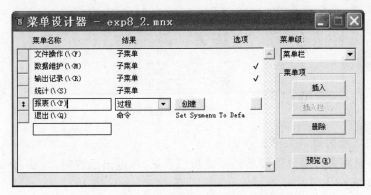

图 8.3　管理表文件信息的主菜单设计界面

EXP8_2. MPR。

(4) 运行菜单,在命令窗口中执行:

```
Do EXP8_2.MPR                      && 运行 EXP8_2.MPR
```

运行菜单程序文件 EXP8_2. MPR 的效果如图 8.2 所示。

5. 思考题

⑴ 修改已有的菜单设计文件并且进行了保存,但运行菜单程序文件时效果没有发生变化,这是什么原因?

(2) 在菜单设计器中,"插入"和"插入栏"两个按钮的功能有何异同?

(3) 如何设计某些菜单项,在一定条件下是否可用?

(4) 在"常规选项"窗口中的"设置"有什么功能? 怎么应用?

8.3　设计窗口菜单

1. 实验目的

学习窗口菜单的设计过程和方法,掌握窗口菜单的作用以及它与应用程序菜单的异同点。

2. 实验要求

将实验 8.2 中的应用程序菜单设计成窗口菜单,运行表单效果如图 8.4 所示。在菜单设计文件 EXP8_2. MNX 的基础上,扩充条形菜单项"擦窗口",用于擦除窗口中的输出信息。

3. 注意事项

(1) 设计窗口菜单与应用程序菜单的步骤和过程基本相同,对应用程序菜单进行简

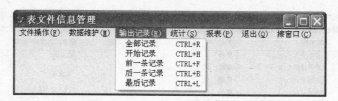

图 8.4　窗口菜单运行效果

单修改可以使之成为窗口菜单。

（2）能够调用窗口菜单的表单必须是顶层表单，在退出系统时，需要释放条形菜单和各个弹出式菜单。

4. 实验步骤

（1）在命令窗口中执行：

```
Set Default To E:\W50109901                      && 设置文件默认目录
Modify Menu EXP8_2                               && 进入 EXP8_2.MNX 的菜单设计器
```

（2）单击"文件"→"另存为"，在"另存为"对话框中，保存菜单为：EXP8_3.MNX。

（3）在主菜单设计界面中，修改"退出"菜单项中的命令并增加"擦窗口"菜单项，如图 8.5 所示。

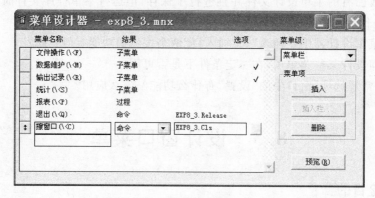

图 8.5　主菜单设计界面

（4）单击"显示"→"常规选项"，在"常规选项"窗口中选定"顶层表单"复选框，单击"确定"按钮。

（5）单击"菜单"→"生成"，保存菜单设计文件 EXP8_3.MNX，并生成菜单程序文件 EXP8_3.MPR。

（6）在命令窗口中执行：

```
Create Form EXP8_3                      && 新建表单文件 EXP8_3.SCX
```

（7）在表单 EXP8_3 的属性窗口中，将 ShowWindow 属性值设为"2-作为顶层表单"；将 Caption 属性值设为"表文件信息管理"。

(8) 双击表单 EXP8_3,在表单的 Load 事件中编写代码:

```
Do EXP8_3.MPR With This,"EX"                      && 在顶层表单中调用菜单 EXP8_3
```

(9) 在表单的 Destroy 事件中编写代码:

```
Close All
Release Menus EXP
Release Popups                                    && 释放全部弹出式菜单
```

(10) 保存并运行表单。在命令窗口中执行:

```
Do Form EXP8_3
```

5. 思考题

(1) 设计窗口菜单与应用程序菜单的方法有哪些异同点?

(2) 设计菜单时,如果在"常规选项"对话框中选定"顶层表单",并且生成相应的菜单程序文件,则菜单能否在 VFP 系统菜单栏中显示?

(3) 在设计窗口菜单时,"退出"菜单项中的命令为什么不能写 Set Sysmenu To Default? 如果命令写成 Thisform. Release,结果将会怎么样?

8.4　设计快捷菜单

1. 实验目的

学习快捷菜单的设计过程和方法,掌握快捷菜单的作用。

2. 实验要求

建立如图 8.6 所示的表单和快捷菜单。菜单项的功能分别为剪切选定的文字、将选定的文字送到剪贴板、粘贴剪贴板中的文字、放大和缩小文本框中的文字。

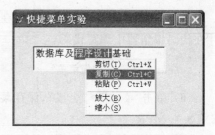

图 8.6　快捷菜单实验

3. 注意事项

(1) 设计快捷菜单与下拉式菜单的过程和方法基本相同。

(2) 快捷菜单不能独立运行,必须从属于某个对象。

(3) 在菜单中引用表单中的对象时,必须引用 Name 属性的值。

4. 实验步骤

(1) 在命令窗口中执行命令:

```
Set Default To E:\W50109901                    && 设置文件默认目录
Create Menu EXP8_4                             && 建立菜单文件 EXP8_4
```

然后单击"快捷菜单"按钮。

(2) 在快捷菜单设计器(如图 8.7 所示)中,单击"插入栏"按钮,在"插入系统菜单栏"对话框中,依次选定"粘贴"、"复制"和"剪切",单击"插入"按钮,关闭对话框。在"菜单名称"列依次输入"\－"、"放大(\＜B)"和"缩小(\＜S)";对应"结果"列选择"子菜单"、"命令"和"命令"。

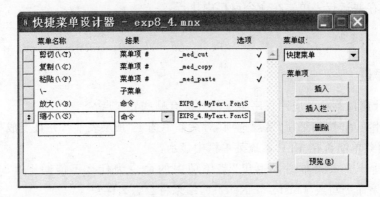

图 8.7　快捷菜单设计器

(3) 在"放大(\＜B)"的"命令"文本框中编写代码:

```
EXP8_4.MyText.FontSize=EXP8_4.MyText.FontSize+2          &&MyText 中文字大小增 2
```

(4) 在"缩小(\＜S)"的"命令"文本框中编写代码:

```
EXP8_4.MyText.FontSize=EXP8_4.MyText.FontSize-2          &&MyText 中文字大小减 2
```

(5) 单击"显示"→"常规选项",在"常规选项"对话框中,单击"清理"→"确定"按钮,并在代码编辑器中编写代码:

```
Release Popups 快捷菜单                    &&"快捷菜单"为弹出式菜单的默认内部名
```

(6) 单击"菜单"→"生成",保存菜单设计文件 EXP8_4.MNX,并生成菜单程序文件 EXP8_4.MPR。

(7) 新建表单,在命令窗口中执行:

```
Create Form EXP8_4                          && 新建表单文件 EXP8_4
```

(8) 在表单中添加一个文本框控件,在属性窗口中,将表单的 Caption 属性值设为:快捷菜单实验,将文本框的 Name 属性值设为:MyText。

(9) 双击文本框 MyText,选择"过程"为:RightClick,编写代码:

```
Do EXP8_4.MPR                              && 调用快捷菜单 EXP8_4
```

(10) 单击"文件"→"保存"。在命令窗口中执行如下命令运行表单。

Visual FoxPro 数据库及面向对象程序设计基础实验指导及习题解答

Do Form EXP8_4

5. 思考题

（1）设计快捷菜单与下拉式菜单的方法及过程有哪些异同点？快捷菜单是否可以独立使用？

（2）快捷菜单与对象之间有哪些关系？当一个快捷菜单作用于多个对象时，设计快捷菜单应该注意哪些问题？

（3）一个快捷菜单中包含的弹出式菜单的个数由什么决定？除了在"清理"过程中释放快捷菜单外，还可以在何处释放快捷菜单？如果一个快捷菜单中含有多个弹出式菜单，则应该如何编写释放语句？执行 Release Popups 语句（不指定弹出式菜单名）将释放哪些菜单？可能会产生什么问题？

第9章

报表与标签设计及应用

9.1 用"报表向导"设计简单报表

1. 实验目的

学习通过报表向导设计报表的基本过程和方法,了解报表中样式、列数等术语的含义和作用,学会使用报表向导设计报表。

2. 实验要求

依据第 4 单元实验中工资数据库(GZSJK)中职工表(ZGB)的内容,通过"报表向导"设计一个职工基本资料报表,用于输出职工号、姓名、性别、出生日期和参加工作时间等内容,要求按职工号由小到大排序输出数据。

3. 注意事项

(1) 报表向导共有两种:一是"报表向导",用于快速设计从一个数据对象中提取数据的报表;二是"一对多报表向导",用于设计从两个数据对象中提取数据的报表。

(2) 通过报表向导设计的报表比较简单,实际应用中通常还要在报表设计器中对报表进一步加工处理。

4. 实验步骤

(1) 在命令窗口中执行:

```
Set Default To E:\W50109901                    && 设置文件默认目录
```

(2) 选择"文件"→"新建",在"新建"窗口中选定"文件类型"为"报表",单击"向导"按钮,在"向导选取"窗口中双击"报表向导"。

(3) 单击"报表向导"窗口中"数据库和表"组合框后面的选择按钮,在"打开"对话框中选定 ZGB. DBF,单击"确定"按钮。依次双击"报表向导"窗口中"可用字段"列表框中职工号、姓名、性别、出生日期和工作时间字段,使其出现在"选定字段"列表框中,单击"下一步"按钮。

(4) 职工资料报表暂不需要分组，单击“下一步”按钮。

(5) 选定“账务式”样式，单击“下一步”按钮。

(6) 选择“列数”为：1，选定“方向”为“纵向”，“字段布局”为“列”，然后单击“下一步”按钮。

(7) 在“可用的字段或索引标识”列表框中选定“职工号”，单击“添加”按钮，使其出现在“选定字段”列表框中，选定“升序”，然后单击“下一步”按钮。

(8) 输入报表标题：职工基本资料报表，单击“预览”按钮，报表效果如图 9.1 所示。

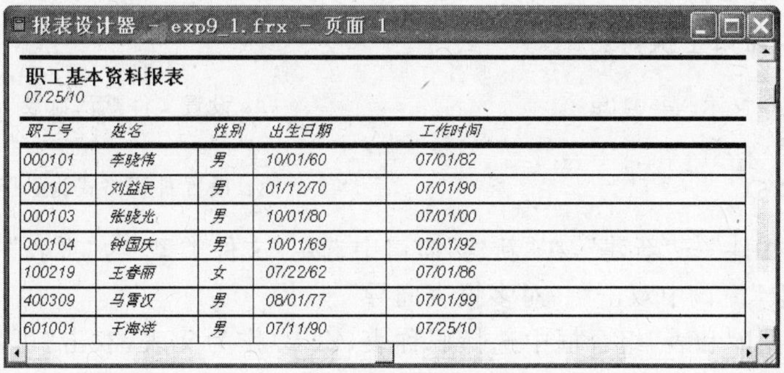
报表设计器 - exp9_1.frx - 页面 1

职工基本资料报表
07/25/10

职工号	姓名	性别	出生日期	工作时间
000101	李晓伟	男	10/01/60	07/01/82
000102	刘益民	男	01/12/70	07/01/90
000103	张晓光	男	10/01/80	07/01/00
000104	钟国庆	男	10/01/69	07/01/92
100219	王春丽	女	07/22/62	07/01/86
400309	马霄汉	男	08/01/77	07/01/99
601001	于海洋	男	07/11/90	07/25/10

图 9.1　职工基本资料报表预览

(9) 单击“完成”按钮，在“另存为”对话框中输入报表文件名：EXP9_1，单击“保存”按钮关闭报表设计器。

5. 思考题

(1) 利用报表向导选取了报表中若干字段后，怎样调整选取字段的顺序？

(2) 要将报表改成按工作时间年度分组，该如何设计报表？

(3) 定义报表布局时，如果将“列数”设置为 3，报表效果如何？

(4) 如果对报表向导生成的报表格式(如布局、字体等)不满意，则应该通过什么方式进行调整？

9.2　用“一对多报表向导”设计报表

1. 实验目的

学习利用“一对多报表向导”设计报表的基本过程和方法，掌握两个数据对象及分组报表的意义和格式。

2. 实验要求

通过“一对多报表向导”设计职工职称信息表，要求在报表中按职称码由小到大对职工进行分组，输出职工的职工号、姓名、性别、出生日期及工作时间。

3. 注意事项

（1）通过"一对多报表向导"设计报表时，父表中的排序关键字即为报表的分组关键字，通过向导最多可设置3级分组。

（2）两个数据对象之间需要建立关联，并且，排序关键字应该是父表中的排序索引关键字。

4. 实验步骤

（1）在命令窗口中执行：

```
Set Default To E:\W50109901                    && 设置文件默认目录
Set Century On
Set Date ANSI                                  && 设置日期格式为：年.月.日
```

（2）单击"文件"→"新建"，在"新建"窗口中选定"文件类型"为"报表"，单击"向导"按钮，在"向导选取"窗口中双击"一对多报表向导"。

（3）在"数据库和表"组合框中选择职称表（ZCB）作为父表，双击"可用字段"列表框中的职称名，使其出现在"选定字段"列表框中，单击"下一步"按钮。

（4）在"数据库和表"列表框中选择职工表（ZGB），并依次双击"可用字段"列表框中的职工号、姓名、性别、出生日期和工作时间字段，将其添加到"选定字段"列表框中，单击"下一步"按钮。

（5）如果在工资数据库（GZSJK）中建立了职称表（ZCB）和职工表（ZGB）之间的关联，则此处不需变动，否则，取两个表中的"职称码"字段建立关联，单击"下一步"按钮。

（6）双击"可用字段或索引标识"列表框中的"职称码"字段，添加到"选定字段"列表框中，使其成为排序（分组）关键字，选定"升序"，单击"下一步"按钮。

（7）选择报表样式：选择报表样式为"简报式"。单击"总结选项"按钮，在如图9.2所示的"总结选项"窗口中，选定"职工号"行的"计数"复选框，用于统计相同职称的职工人数，单击"确定"按钮关闭"总结选项"窗口。单击报表向导窗口中的"下一步"按钮。

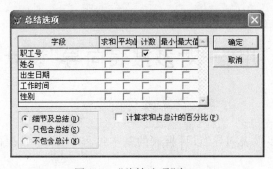

图 9.2 "总结选项"窗口

（8）添加报表标题：在"报表标题"文本框中输入："职工职称信息表"。

（9）预览报表：单击"预览"按钮，查看报表效果，如图9.3所示。

（10）关闭报表预览窗口，单击"完成"按钮，在"另存为"对话框中输入报表名称：

EXP9_2,单击"确定"按钮,报表文件自动存盘。

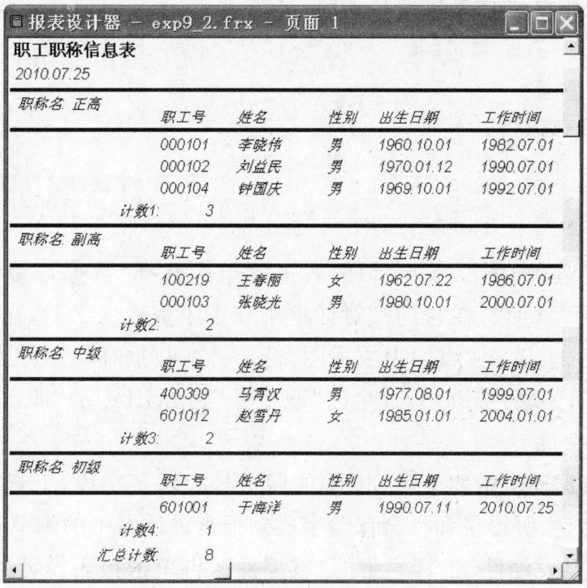

图 9.3 职工职称信息报表预览

5. 思考题

(1) 在一对多报表中交换父表和子表的顺序,对报表会产生哪些影响?

(2) 如果一个报表中的数据来源于多个数据表(大于或等于3个),则如何组织数据通过报表向导设计报表?

9.3 用"报表设计器"设计报表

1. 实验目的

学习通过报表设计器设计报表的过程和方法,掌握各类报表控件的作用和设计方法,学会用报表设计器设计和完善报表。

2. 实验要求

设计职工工资报表,用于输出职工号、姓名、月份、职务工资、岗位津贴、奖金、所得税、社会保险及实发工资等信息。

3. 注意事项

(1) 当报表的数据源是多个数据对象时,在数据环境中,应该考虑数据对象之间建立关联,关联的父、子数据对象顺序不同,产生的报表结果有较大差异。通常将父数据对象中的字段拖到子数据对象中的字段上建立关联。

(2)在数据库中为表建立的关联将自动带到报表数据环境中,如果这种关联不符合问题的要求,需要将其删除后重新建立关联。

4. 实验步骤

(1)在命令窗口中执行:

```
Set Default To E:\W50109901                          && 设置文件默认目录
Create Report EXP9_3
```

(2)从报表设计器(如图9.4所示)的右击菜单中选择"数据环境",从数据环境设计器的右击菜单中选择"添加",在"打开"对话框中双击工资表(GZB),在"添加表或视图"窗口中双击职工表(ZGB),关闭"添加表或视图"窗口。在数据环境中单击选定表间关联线,按 Delete 键删除表间关联,拖动 GZB 中的"职工号"到 ZGB 中的"职工号"字段上,重新建立以 GZB 为父表的关联。

(3)依次拖动数据环境中职工表(ZGB)的职工号和姓名字段,工资表(GZB)的月份、职务工资、岗位津贴、奖金、所得税和社会保险字段到报表设计器中的细节带区,水平放置。

(4)单击选定"报表控件"工具栏中的"域控件",再单击报表设计器的细节带区中"社会保险"右侧,在"报表表达式"窗口(如图9.5所示)中"表达式"文本框中输入:职务工资＋岗位津贴＋奖金－所得税－社会保险,在"格式"文本框中输入:99999.99,单击"确定"按钮,关闭"报表表达式"窗口。

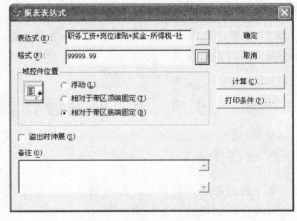

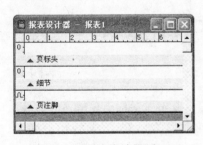

图9.4 "报表设计器"窗口　　　　　图9.5 "报表表达式"窗口

(5)拖动鼠标选定细节带区中的全部控件,单击"布局"工具栏中的"顶边对齐"按钮,调整全部控件位置,再拖动细节带区分隔栏到适当位置。

(6)用报表控件工具栏中的"标签",在"页标头"带区中设计 9 个标签控件,分别输入:职工号、姓名、月份、职务工资、岗位津贴、奖金、所得税、社会保险和实发工资,并使用有关"对齐"工具对齐相关标签(如图9.6所示)。

(7)用"报表控件"工具栏中的"线条",分别在细节和页标头带区底部画直线。

(8)在"页标头"带区上方中间设计一个标签,输入:职工工资信息报表,单击"格式"

→"字体",在"字体"对话框中选择：楷体_GB2312、粗体和二号字,并选定"下划线"。

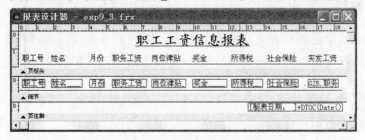

图 9.6　职工工资信息报表设计器

（9）在"页注脚"带区右端设计一个域控件,"报表表达式"为：

［制表日期：］＋DTOC(Date())

（10）单击"显示"→"预览",查看报表的预览效果（如图 9.7 所示）。最后单击报表设计器的关闭按钮,并保存报表文件 EXP9_3.FRX。

图 9.7　职工工资信息报表预览

5. 思考题

（1）如何修改报表将报表中每个数据项之间用竖线分隔？

（2）将报表设计为工资条的形式,即每行数据上方都有表头说明,应该如何修改实验中的报表文件？

（3）要在工资表的每页下端显示本页中实发工资的总金额,应该如何修改实验中的报表文件？

9.4　设 计 标 签

1. 实验目的

学习设计标签的过程和方法,了解标签的基本用途。

2. 实验要求

依据职工表（ZGB）设计一个标签,用于输出职工的职工号、姓名、性别和工作时间。

3. 注意事项

(1) 设计标签的过程和方法与报表类似,可以通过向导和设计器进行设计。

(2) 设计标签时需要选择标签类型,它决定着输出标签数据的分栏数。

4. 实验步骤

(1) 在命令窗口中执行:

```
Set Default To E:\W50109901                          && 设置文件默认目录
Set Century On
Set Date ANSI                                        && 设置日期格式为:年.月.日
```

(2) 单击"文件"→"新建",选定"文件类型"为"标签",单击"向导"按钮。

(3) 单击"数据库和表"组合框的选择按钮,选择 ZGB,单击"下一步"按钮。

(4) 选择标签类型为"Array L7160",如图 9.8 所示,单击"下一步"按钮。

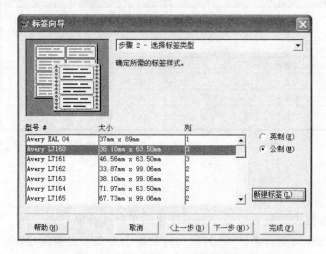

图 9.8 标签向导——选择标签类型

(5) 在"定义布局"(如图 9.9 所示)步骤中,双击"可用字段"列表框中的"职工号",单击两次布局修饰中的回车键(　↵　),使两行内容之间有一空行。再双击"可用字段"列表框中"姓名",两次单击"空格"按钮;双击"可用字段"列表框中的"性别",两次双击"空格"按钮;双击"可用字段"列表框中的"工作时间";单击"字体"按钮,将字体选为:宋体、粗体和12 号字。再单击"下一步"按钮。

(6) 双击"可用的字段或索引标识"中的"职工号",使其出现在右侧的"选定字段"列表框中,单击"下一步"按钮。

(7) 预览标签效果:单击"预览"按钮,查看标签的输出效果,如图 9.10 所示。

(8) 关闭标签文件的预览窗口,单击"标签向导"窗口中的"完成"按钮,在"另存为"对话框中输入标签文件名:EXP9_4,单击"保存"按钮。

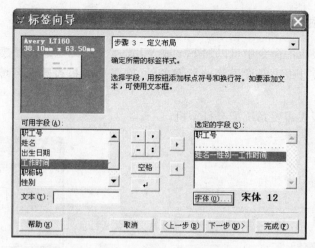

图 9.9　标签向导——定义布局

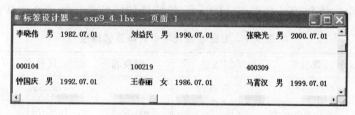

图 9.10　职工信息标签预览

5. 思考题

(1) 设计报表和标签时,有哪些异同点? 是否有标签控件工具栏? 在标签中如何设计域控件?

(2) 标签向导没有一对多向导,怎样设计一对多的标签? 例如,在标签中输出职工号、姓名和职称名 3 个字段(涉及两个表)的内容。

9.5　报表的应用设计

1. 实验目的

学习应用报表的程序设计方法,掌握报表数据的组织方法和输出报表的途径,学会利用报表组织和输出数据。

2. 实验要求

在表单运行时,根据输入的职工号和年份,通过实验 9.3 设计的报表(EXP9_3.FRX)预览或打印职工对应年度的工资情况。

3. 注意事项

（1）在输出报表的命令中可以加 For 或 While<条件>短语实现数据的筛选。

（2）如果在设计报表时设置筛选数据条件，则需要在报表数据环境的 Init 事件中编写程序代码。

（3）要打印报表需要系统配有打印机。

4. 实验步骤

（1）在命令窗口中执行：

```
Set Default To E:\W50109901
                                && 设置文件默认目录

Create Form EXP9_5
                && 建立表单 EXP9_5,同时进入表单设计器
```

图 9.11　工资查询表单

（2）向表单中添加控件如图 9.11 所示，各控件的属性设置如表 9.1 所示。

表 9.1　工资查询表单中对象及其属性

对象名	属性名	属性值	对象名	属性名	属性值
Form1	Caption	工资查询	Text2	FontSize	12
	AutoCenter	.T.		InputMask	9999
Label1	Caption	职工号：		Value	0
	FontSize	12	Command1	Caption	预览工资
Text1	Fontsize	12		FontSize	12
	InputMask	999999	Command2	Caption	打印工资
Label2	Caption	年　份：		FontSize	12
	FontSize	12			

（3）双击表单，在代码编辑器中，选择"过程"为 Init，编写如下代码：

```
Set Century On
Set Date ANSI                     && 设置日期格式为：年.月.日
```

（4）在代码编辑器中，选择"对象"为 Command1（预览工资），选择"过程"为 Click，编写如下代码：

```
ZGBH=ThisForm.Text1.Value         && 取文本框中输入的职工号存入变量 ZGBH
NF=ThisForm.Text2.Value           && 取文本框中输入的查询年份存入变量 NF
If Mod(NF,100)>=10                 && 取年份的后 2 位并将其转换成字符型数据
    CXNF=Str(Mod(NF,100),2)       && 直接取后 2 位
Else
    CXNF="0"+Str(Mod(NF,100),1)   && 取后 1 位并在其前面加"0"
```

```
EndIf
Report Form EXP9_3 For 职工号=ZGBH And;
         Left(月份,2)=CXNF Preview              && 按条件筛选并预览报表数据
```

（5）在代码编辑器中，选择"对象"为 Command2（打印工资），选择"过程"为 Click，编写如下代码：

```
ZGBH=ThisForm.Text1.Value                && 取文本框中输入的职工号存入变量 ZGBH
NF=ThisForm.Text2.Value                  && 取文本框中输入的查询年份存入变量 NF
If Mod(NF,100)>=10                       && 取年份的后 2 位并将其转换成字符型数据
    CXNF=Str(Mod(NF,100),2)              && 直接取后 2 位
Else
    CXNF="0"+Str(Mod(NF,100),1)          && 取后 1 位并在其前面加"0"
EndIf
Report Form EXP9_3 For 职工号=ZGBH And;
         Left(月份,2)=CXNF To Printer       && 按条件筛选并打印报表数据
```

（6）在表单设计器中，单击"表单"→"执行表单"，输入职工号为：000101，输入年份为：2007，单击"预览工资"或"打印工资"按钮，可以在屏幕或打印机上输出工资数据。

5．思考题

（1）如何将报表的输出数据保存到文件中？能保存报表中的全部内容吗？

（2）怎样利用报表数据环境中的 Init 事件实现报表数据的筛选？

（3）实验中设计的这种查询方式，在查询内容不存在时，如职工号或年份有错等，通常查询窗口会一闪而过，怎样避免这个问题？

第**10**章

网络程序设计基础

10.1 只读打开文件的作用

1. 实验目的

检验以只读方式打开文件对某些命令功能的制约，掌握保护数据的基本方法，以便在应用程序中保护数据。

2. 实验要求

（1）以只读方式打开数据库，尝试建立数据库表；以可修改方式打开数据库表，尝试修改表结构和数据记录。

（2）以可修改方式打开数据库，以只读方式进入数据库设计器，分别通过数据库设计器和命令尝试将自由表添加到数据库中，再以只读或可修改方式测试表的有关操作。

3. 注意事项

（1）在打开数据库之前，应该设置文件的默认目录。

（2）要修改表结构，表文件应该以独占和可修改方式打开。

4. 实验步骤

（1）在命令窗口中执行如下命令：

```
Close All
Set Default To E:\W50109901                && 设置文件默认目录
Open DataBase XSXX NoUpdate                && 以只读方式打开数据库
Modify DataBase                            && 在数据库设计器中只能查看、不能修改信息
Create Table T1(学号 C(8),姓名 C(8))        && 由于数据库只读，创建表失败
Use CJB Exclusive                          && 以独占可修改方式打开数据库表 CJB
Modify Structure                           && 进入表设计器后只能查看、不能修改表结构
Browse                                     && 进入数据浏览窗口，可以修改表中的数据
```

（2）在命令窗口中执行如下命令：

```
Close All
Create Table T1(课程号 C(5),课程名 C(20))        && 创建自由表 T1
Modify DataBase XSXX NoModify                  && 以可修改方式打开 XSXX
    * 以只读方式进入数据库设计器,表的右击菜单中"删除"和"修改"不可用
    * 数据库右击菜单中"新建表"和"添加表"等不可用。
Add Table T1                                   && 成功地将自由表 T1 加到数据库中
Use XSB NoUpdate Exclusive                     && 以只读、独占方式打开数据库表 XSB
Modify Structure                               && 进入表设计器后只能查看、不能修改表结构
Browse                                         && 进入数据浏览窗口,不能修改表中的数据
Use CJB Exclusive                              && 以独占可修改方式打开数据库表 CJB
Modify Structure                               && 进入表设计器后可以修改表结构信息
Browse                                         && 进入数据浏览窗口,可以修改表中的数据
```

5. 思考题

(1) 执行 Open DataBase XSXX NoUpdate 后,能否执行 Add Table T1 命令将表 T1 添加到数据库 XSXX 中? 对数据库中的表能执行哪些操作?

(2) 为什么说: Modify DataBase XSXX NoModify 以可修改方式打开数据库? 通过数据库设计器能进行哪些操作? 通过命令能对数据库进行哪些操作?

10.2 共享文件对 VFP 某些命令的制约

1. 实验目的

测试共享打开的数据库和表对某些命令的限制,掌握在网络环境中整理数据时对表文件打开方式的要求,以便应用程序在网络环境下能够正确运行。

2. 实验要求

(1) 以共享方式打开数据库,分别以独占和共享方式打开表,测试对 Modify Structure 命令的影响。

(2) 分别以共享和独占方式打开表,执行 Pack 和 Reindex 命令,查看系统出错类型编号和出错信息。

3. 注意事项

要在出错处理语句(On Error)中调用 Error 和 Message 函数才能得到出错信息和类型编号。

4. 实验步骤

(1) 在命令窗口中执行如下命令:

```
Set Default To E:\W50109901                    && 设置文件默认目录
```

```
Set Exclusive Off                      && 设置以共享方式打开文件
Open DataBase XSXX                     && 以共享方式打开数据库
Use CJB Exclusive                      && 以独占方式打开数据库表 CJB
Modify Structure                       && 进入表设计器后可以修改表结构信息
Use CJB                                && 以共享方式打开数据库表 CJB
Modify Structure                       && 表设计器处于只读状态,不能修改表结构信息
Close All
```

（2）在命令窗口中执行命令,进入程序编辑器。

```
Modify Command EXP10_2_2
```

（3）在"程序编辑器"中,输入下列语句。

```
On Error ? Error(),Message()          && 程序一旦出错,输出出错类型编号和出错信息
Set Default To E:\W50109901           && 设置文件默认目录
Set Exclusive Off                      && 设置以共享方式打开文件
Clear                                  && 清除 VFP 主窗口中的信息
Use CJB                                && 以共享方式打开数据库表 CJB
Pack             && 物理删除带逻辑删除标记的记录失败,输出：110 文件必须以独占方式打开
Reindex          && 更新当前表中打开的索引失败,输出：110 文件必须以独占方式打开
Use CJB Exclusive                      && 以独占方式打开数据库表 CJB
Pack                                   && 成功地物理删除了带逻辑删除标记的记录
Reindex                                && 成功地更新了当前表中打开的索引
Close All
On Error                               && 恢复系统默认的出错处理程序
```

（4）单击"文件"→"关闭",关闭程序编辑器,保存文件 EXP10_2_2.PRG。
（5）在命令窗口中运行程序。

```
Do EXP10_2_2
```

5. 思考题

（1）以共享方式打开数据库,以独占方式打开表,对哪些表操作命令的功能有限制?
（2）以共享方式打开表后,再执行 Zap 命令能否删除记录? 能否执行 Index On 命令建立结构索引?
（3）在 VFP 中有哪些命令需要独占打开表文件? 如果以共享方式打开表文件,执行这些命令,则系统出错类型编号和出错信息是什么?

10.3 表单文件的共享与独占

1. 实验目的

在单机环境下模拟网络环境,测试表单文件的共享或独占,掌握网络环境中设计和运行表单的条件。

Visual FoxPro 数据库及面向对象程序设计基础实验指导及习题解答

2. 实验要求

建立表单文件 EXP10_3_2.SCX,并在两个 VFP 系统环境中分别运行和修改表单 EXP10_3_2。

3. 注意事项

确保在两个 VFP 系统环境中设置相同的文件默认目录。

4. 实验步骤

(1) 启动 VFP 系统环境(标题为:环境 A):选择"开始"→"程序"→Microsoft Visual FoxPro 6.0,在命令窗口中执行如下命令:

```
Set Default To E:\W50109901        && 设置文件默认目录
_Screen.Caption='环境 A'
Modify Form EXP10_3_2        && 建立表单文件 EXP10_3_2.SCX,独占文件,进入表单设计器
```

(2) 在表单设计器中,按 Ctrl+S 键,保存表单文件 EXP10_3_2.SCX。

(3) 再启动 VFP 系统环境(标题为:环境 B):单击"开始"→"程序"→Microsoft Visual FoxPro 6.0,在命令窗口中执行如下命令:

```
Set Default To E:\W50109901        && 设置文件默认目录
_Screen.Caption= '环境 B'
Do Form EXP10_3_2        && 运行表单 EXP10_3_2,被环境 A 独占,系统出错:不能存取文件
```

(4) 切换到环境 A,关闭表单设计器,并在命令窗口中执行如下命令:

```
Do Form EXP10_3_2        && 运行表单 EXP10_3_2,以共享方式打开表单
```

(5) 再切换到环境 B,并在命令窗口中执行如下命令:

```
Modify Form EXP10_3_2        && 要独占表单,被环境 A 共享,系统出错:不能存取文件
Do Form EXP10_3_2        && 运行表单 EXP10_3_2,以共享方式打开表单
```

5. 思考题

(1) 在文件的共享或独占方面,还有哪些文件具有与表单文件类似的性质?

(2) 当一个用户在程序编辑器中查看或修改程序(如 JC. PRG)代码时,是否允许其他用户运行该程序(如 DO JC)并不确定,何时允许运行? 何时不允许运行?

(3) 当一个用户在菜单设计器中修改菜单时,是否允许其他用户运行其菜单程序文件?

10.4 锁定数据记录与表文件

1. 实验目的

在单机环境下模拟网络环境,测试锁定数据记录与表文件,掌握锁定记录和文件函数的作用,学习网络程序实现数据共享的基本思想,学会设计和调试网络应用程序。

2. 实验要求

启动两个 VFP 系统环境,测试 RLock 和 FLock 函数的返回值;执行修改数据记录的命令,观察其效果。

3. 注意事项

对共享方式打开的表文件运行锁定记录或文件的函数才有实际意义。

4. 实验步骤

(1) 启动 VFP 系统环境(标题为: 环境 A): 选择"开始"→"程序"→Microsoft Visual FoxPro 6.0,在命令窗口中执行如下命令:

```
Set Default To E:\W50109901          && 设置文件默认目录
_Screen.Caption='环境 A'
Use CJB Shared                        && 以共享方式打开表 CJB
Go 5                                  && 第 5 个记录成为当前记录
? RLock()                             && 锁定第 5 个记录成功,返回.T.
```

(2) 再启动 VFP 系统环境(标题为: 环境 B): 选择"开始"→"程序"→Microsoft Visual FoxPro 6.0,在命令窗口中执行如下命令:

```
Set Default To E:\W50109901          && 设置文件默认目录
_Screen.Caption='环境 B'
Set Reprocess To 3                    && 如果不能立即锁定记录,则重试 3 次
Set MultiLock On                      && 可以锁定多个记录
Select 2
Use CJB Shared                        && 以共享方式打开表 CJB
? FLock()                  && 在环境 A 中第 5 个记录已被锁定,此处锁定文件失败,返回.F.
? RLock("3,5",2)           && 锁定第 3 和 5 个记录,由于含第 5 个,所以锁定失败,返回.F.
? RLock("3,6",2)           && 锁定第 3 和 6 个记录成功,返回.T.
Replace 实验成绩 with-1 For 实验成绩=0    && 在环境 A 中第 5 个记录已被锁定,;
                                      && 试图修改多个数据记录,自动锁定文件失败
Browse                                && 查看数据,没有修改任何记录
```

(3) 切换到环境 A,并在命令窗口中执行如下命令:

```
UnLock                              && 释放环境 A 的 CJB 中的锁
```

(4) 再切换到环境 B,并在命令窗口中执行如下命令:

```
Replace 实验成绩 with-1 For 实验成绩=0      && 修改实验成绩为 0 的记录;
Browse                        && 查看数据,实验成绩为 0 的记录,实验成绩字段值变为-1
Close All
```

5. 思考题

(1) 在上述操作中,如果将 Replace 命令换成 Delete 或 Recall 命令,将产生什么效果? 如果在环境 A 中将函数 Rlock()换成 Flock(),产生的效果是否相同?

(2) 执行哪些命令能释放文件和记录锁? 哪些命令仅释放当前工作区中的锁?

(3) 在环境 B 的命令中,如果将 Set Reprocess To 3 改为 Set Reprocess To-1,上述操作将产生什么现象? 如何处理后才能使等待的命令执行下去?

10.5 锁定数据引发的程序死锁

1. 实验目的

测试由于锁定数据导致程序死锁现象,了解程序死锁的原因,学会在网络程序设计中避免程序死锁的基本方法。

2. 实验要求

启动两个 VFP 系统环境,编写并调试能产生死锁的程序,观察其效果。随后终止一个环境中的程序,使另一个环境中的程序能正常运行下去。

3. 注意事项

在运行网络程序过程中,由于锁定数据一旦产生程序死锁,两个(或更多)程序将处于无限期地相互等待状态,必须强行某个(些)程序释放数据锁,才能结束这种状态,使另一个(些)程序正常运行下去。

4. 实验步骤

(1) 启动 VFP 系统环境(标题为:环境 A):单击"开始"→"程序"→Microsoft Visual FoxPro 6.0,在命令窗口中执行如下命令:

```
_Screen.Caption='环境 A'
Modify Command EXP10_5_1
```

在"程序编辑器"中,输入 EXP10_5_1.PRG 中的程序代码如下:

```
Set Default To E:\W50109901            && 设置文件默认目录
Set Exclusive Off                      && 设置文件打开方式为共享
Set Reprocess To 0                     && 如果不能立即锁定,则一直重试或按 Esc 键放弃锁定
Select 1
Use KCB
X=RLock("3",1)                         && 锁定 KCB 中的第 3 个记录
Browse                                 && 查看和修改 KCB 中的记录
Select 2
Use CJB
X=FLock()                              && 试图锁定 CJB 表文件
Browse                                 && 查看和修改 CJB 中的记录
Close All
```

关闭程序编辑器,并保存程序 EXP10_5_1.PRG。

(2) 在命令窗口中执行如下命令:

```
Modify Command EXP10_5_2
```

在"程序编辑器"中,输入 EXP10_5_2.PRG 中的程序代码如下:

```
Set Default To E:\W50109901            && 设置文件默认目录
Set Exclusive Off                      && 设置文件打开方式为共享
Set Reprocess To-1                     && 如果不能立即锁定,则频繁重试,直至成功
Select 5
Use CJB
X=RLock("3",5)                         && 锁定 CJB 中的第 3 个记录
Browse                                 && 查看和修改 KCB 中的记录
Select 6
Use KCB
X=FLock()                              && 试图锁定 KCB 表文件
Browse                                 && 查看和修改 KCB 中的记录
Close All
```

关闭程序编辑器,并保存程序 EXP10_5_2.PRG。

(3) 在命令窗口中执行如下命令,运行程序 EXP10_5_1.PRG。

```
Do EXP10_5_1
```

(4) 再启动 VFP 系统环境(标题为:环境 B):单击"开始"→"程序"→Microsoft Visual FoxPro 6.0,在命令窗口中执行如下命令:

```
_Screen.Caption='环境 B'
Do EXP10_5_2
```

运行程序并按 Esc 键,关闭 CJB 数据浏览窗口。使程序 EXP10_5_2.PRG 继续运行,等待锁定表 KCB。

（5）再切换到环境 A，并按 Esc 键，关闭 KCB 数据浏览窗口。使程序 EXP10_5_1. PRG 继续运行，等待锁定表 CJB。此时，两个环境中的程序 EXP10_5_1. PRG 和 EXP10_5_2. PRG 处于相互等待状态，即产生程序死锁。

（6）在环境 A 下，按 Esc 键，取消锁定 CJB。使程序 EXP10_5_1. PRG 再继续运行，直到执行完 Close All（关闭表，释放锁），才使程序 EXP10_5_2. PRG 能正常运行下去。

5. 思考题

（1）在运行程序 EXP10_5_1. PRG 产生死锁时，按 Esc 键后，变量 X 的值是什么？在显示 CJB 数据浏览窗口时是否锁定了 CJB？在关闭 CJB 数据浏览窗口之前，在程序 EXP10_5_2. PRG 中是否能显示 KCB 数据浏览窗口？

（2）在运行程序 EXP10_5_1. PRG 和 EXP10_5_2. PRG 时产生死锁的原因是什么？如何改进程序使这两个程序运行时不产生死锁？

10.6　网络程序出错处理

1. 实验目的

通过出错陷阱程序处理网络程序中数据共享及锁定问题，进一步掌握网络应用程序的设计方法和技巧，以便利用出错陷阱避免网络应用程序中可能出现的错误。

2. 实验要求

编写主程序和出错陷阱处理程序，并启动两个 VFP 系统环境，模拟网络环境进行调试程序。

3. 注意事项

出错陷阱处理程序是一个子程序，可以在多个网络应用程序中通过 On Error 语句调用同一个出错陷阱处理程序，因此，在编写此类子程序时，要考虑其通用性。

4. 实验步骤

（1）启动 VFP 系统环境（标题为：环境 A）：单击"开始"→"程序"→Microsoft Visual FoxPro 6.0，在命令窗口中执行如下命令：

```
_Screen.Caption='环境 A'
Modify Command NETERR
```

在"程序编辑器"中，输入出错陷阱处理程序 NETERR. PRG 中的程序代码如下：

```
LParameters ERRP,ERRL,ERRC,ERRN,ERRS
```

```
    * ERRP: 程序名
    * ERRL: 所在行号
    * ERRC: 所在语句
    * ERRN: 错误类型编号
    * ERRS: 出错信息描述
Private X
Do Case
Case ERRN =1705              && 执行 Use 命令,但表文件被其他用户占用,本用户无法打开
    MessageBox([ 文件被其他用户占用,暂时无法打开,单击"确定"按钮后再试!])
    Retry                    && 返回到出错语句,再尝试打开文件
Case ERRN =110              && 执行到 Zap、Pack 等命令时没有独占打开文件
    MessageBox([表文件需要独占打开,单击"确定"按钮后退出程序!])
    Cancel                   && 无法自动处理,只能修改程序,在 Use 语句中加 Exclusive 项
Case ERRN =108              && 执行 Append Blank 等命令,文件或记录被其他用户锁定
    MessageBox([等待锁定文件,单击"确定"按钮后再试!])
    X= FLock()               && 尝试锁定文件
    Retry                    && 返回到出错语句,重新执行
Case ERRN =109              && 执行 Recall、Delete 等命令,记录已被其他用户锁定
    MessageBox([等待锁定记录,单击"确定"按钮后再试!])
    X= Lock()                && 尝试锁定记录
    Retry                    && 返回到出错语句,重新执行
Case ERRN =130              && 执行 SQL 语句,记录已被其他用户锁定
    MessageBox([等待锁定文件,单击"确定"按钮后再试!])
    X= FLock()               && 尝试锁定文件
    Retry                    && 返回到出错语句,重新执行
Other                       && 其他类型错误,无法自动处理,只有改程序后再运行
    ? '程序名: ',ERRP
    ? '所在行号: ',ERRL
    ? '所在语句: ',ERRC
    ? '错误类型编号: ',ERRN
    ? '出错信息描述: ',ERRS
    MessageBox([严重错误,单击"确定"按钮后退出程序!])
    On ERROR
    Cancel
EndCase
```

(2) 关闭程序编辑器,并保存程序 NETERR. PRG。在命令窗口中执行如下命令:

```
Modify Command EXP10_6_2
```

在"程序编辑器"中,输入 EXP10_6_2. PRG 中的程序代码如下:

```
Set Default To E:\W50109901                && 设置文件默认目录
Set Exclusive Off                          && 设置表文件打开方式为共享
Set Reprocess To 1                         && 如果不能立即锁定,则重试 1 次
```

```
* 程序一旦出错,或者,打开表、操作数据记录发生冲突时调用程序 NETERR
ON Error Do NETERR With Program(),LineNo(),Message(1),Error(),Message()
Select 1
Use KCB Exclusive        && 要修改表结构,需独占打开 KCB,当打不开表时调用 NETERR
Modify Structure
Use                      && 尽早关闭表,以便减少其他程序的等待时间
Select 2
Use CJB                  && 共享打开表 CJB,当已被其他用户独占打开时调用 NETERR
Browse                   && 查看和修改 CJB 中记录,修改记录不能锁定记录时调用 NETERR
Close All                && 在关闭文件后自动释放各种锁
```

(3) 关闭程序编辑器,并保存程序 EXP10_6_2.PRG。在命令窗口中执行如下命令:

```
Modify Command EXP10_6_3
```

在"程序编辑器"中,输入 EXP10_6_3.PRG 中的程序代码如下:

```
Set Default To E:\W50109901              && 设置文件默认目录
Set Exclusive Off                        && 设置表文件打开方式为共享
Set Reprocess To 1                       && 如果不能立即锁定,则重试 1 次
* 程序一旦出错,或者,打开表、操作记录发生冲突时调用 NETERR
ON Error Do NETERR With Program(),LineNo(),Message(1),Error(),Message()
Select 1
Use KCB                  && 共享打开表时如果发生冲突(类型编号为 1705),则调用 NETERR
Append Blank             && 增加新记录时如果发生冲突(类型编号为 108),则调用 NETERR
Browse
UNLock                   && 在子程序 NETERR 中可能锁定了记录或文件,在此释放锁
Select 2
Use CJB                  && 共享打开表时如果发生冲突(类型编号为 1705),则调用 NETERR
Delete Record 4          && 删除记录时如果发生冲突(类型编号为 109),则调用 NETERR
Close All                && 在关闭文件后自动释放各种锁
```

(4) 关闭程序编辑器,并保存程序 EXP10_6_3.PRG。在命令窗口中执行如下命令,
运行程序 EXP10_6_2.PRG。

```
Do EXP10_6_2
```

(5) 再启动 VFP 系统环境(标题为: 环境 B): 单击"开始"→"程序"→Microsoft
Visual FoxPro 6.0,在命令窗口中执行如下命令:

```
_Screen.Caption='环境 B'
Do EXP10_6_3
```

(6) 在两个环境中分别操作 EXP10_6_2 和 EXP10_6_3 两个程序,修改表结构、修改
数据记录和删除数据,观察系统变化情况。

5. 思考题

（1）在同时运行程序 EXP10_6_2.PRG 和 EXP10_6_3.PRG 时，能否产生死锁现象？为什么？

（2）在运行程序 EXP10_6_3.PRG 的过程中，在什么情况下逻辑删除记录时将产生等待现象？此时将弹出的对话框是什么？

第 **11** 章

连编并发布应用程序

11.1 编译连接应用程序

1. 实验目的

学习 VFP 环境下编译连接(简称连编)应用程序的过程和方法,掌握可执行程序的组成要素、设计要点和作用。

2. 实验要求

依据第 3 单元中的学生信息数据库,建立学生信息管理应用程序。应用程序主界面为表单,表单中有菜单,菜单项可以实现学生信息管理和系统信息维护两部分功能。学生信息管理包括学生基本资料和学生成绩资料管理,系统信息维护部分包括学院、课程和民族信息的维护。

运行应用程序时,单击某个菜单项将打开一个窗口,用于实现应用程序的一部分功能;单击"退出"菜单项,可以退出应用程序。

3. 注意事项

(1) 要在 VFP 系统中创建可执行应用程序,需要通过项目管理器建立项目文件。

(2) 表单、菜单、程序等文件通常包含在应用程序中,而数据库、数据表等文件通常排除在可执行应用程序之外。在运行可执行应用程序时,可以修改被排除在应用程序之外的内容。例如,修改、删除或增加数据表中的记录等。

4. 实验步骤

(1) 在命令窗口中执行命令:

```
Set Default To E:\W50109901              && 设置文件默认目录
Create Project XSXX                      && 创建并打开项目文件 XSXX
```

(2) 选定项目管理器中的"数据"选项卡,选择"数据库",单击"添加"按钮,在"打开"对话框中选择数据库文件:XSXX.DBC,单击"确定"按钮,将XSXX数据库添加到项目管理器中。

（3）选定项目管理器中的"文档"选项卡，选择"表单"→"新建"→"新建表单"，在表单设计器中设计表单 Main_Form，修改的属性值及相关事件代码如表 11.1 所示，其他属性值取系统默认值。

表 11.1　表单 Main_Form 的属性/事件

对象名	属性/事件名	属性值/事件代码
Form1	Caption 属性	学生信息管理系统
	AutoCenter 属性	. T.
	ShowWindow 属性	2-作为顶层表单
	Height 属性	425
	Width 属性	635
	Init 事件	Do Main_Menu. MPR With This,"Menu1"
	Destroy 事件	Release Menus Menu1 Release Popups && 释放全部弹出式菜单 Close All Clear Events

（4）选定项目管理器中的"其他"选项卡，选择"菜单"→"新建"→"菜单"，在菜单设计器中设计如图 11.1 所示的 Main_Menu 菜单，Main_Menu 菜单的各项设置如表 11.2 所示。

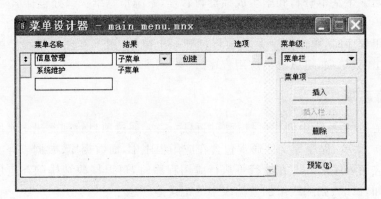

图 11.1　Main_Menu 菜单设计器

表 11.2　Main_Menu 子菜单信息

菜单栏的菜单项	子菜单的菜单项	结果列	命　　令
信息管理	学生资料管理	命令	Do Form Form_GR && 资料表单
	\\−	子菜单	
	学生成绩管理	命令	Do Form Form_CJ && 成绩表单

菜单栏的菜单项	子菜单的菜单项	结果列	命　令
系统维护	学院资料维护	命令	Do Form Form_XY && 学院表单
	课程信息维护	命令	Do Form Form_KC && 课程表单
	民族信息维护	命令	Do Form Form_MZ && 民族表单
	\-	子菜单	
	退出系统	过程	Close All Quit

（5）在 Main_Menu 菜单设计器中，单击"显示"→"常规选项"，选定复选框"顶层表单"，将菜单 Main_Menu 设置为只能在顶层表单中运行。

单击"菜单"→"生成"，在"生成菜单"对话框中单击"生成"按钮，生成菜单程序文件 Main_Menu. MPR。

（6）选定项目管理器中的"文档"选项卡，选择"表单"→"新建"→"表单向导"按钮，选择"表单向导"，单击"确定"按钮，接下来字段选取 XSB 中的字段，表单样式为浮雕式，按学号字段升序排列，输入标题为：学生基本资料，并适当调整相关控件的位置，最后保存文件名为：Form_GR(ShowWindow 属性的值已经为："1-在顶层表单中"）。设计表单的运行结果如图 11.2 所示。

图 11.2　学生基本资料

本实验中还需要设计 4 个表单，分别为学生成绩表单（Form_CJ）、学院信息表单（Form_XY）、课程信息表单（Form_KC）和民族信息表单（Form_MZ），其设计方法与学生基本资料表单类似。

（7）选定项目管理器中的"代码"选项卡，选择"程序"→"新建"，在程序编辑器中，编写如下代码：

```
Set Talk Off              && 不输出非输出语句的执行结果
Set Safety Off            && 新建立的文件已经存在时,系统自动覆盖
Set Escape Off            && 在运行程序过程中按 Esc 键无效
Set Exclusive Off         && 设置文件打开方式为共享
Application.Visible=.F.   && 隐藏应用程序对象窗口
Do Form Main_Form         && 执行应用程序主窗口界面
```

关闭程序编辑器,保存程序文件名为：Main_P。

（8）在项目管理器的"代码"选项卡中展开程序项,从 Main_P 的右击菜单中选择"设置主文件",将程序文件 Main_P. PRG 设为应用程序的入口文件。

（9）在项目管理器中,单击"连编"按钮,在"连编选项"对话框（如图 11.3 所示）中,选定"连编可执行文件"、"重新编译全部文件"和"显示错误",单击"确定"按钮,在"另存为"对话框中输入可执行应用程序的文件名：学生信息管理系统,单击"保存"按钮。

（10）关闭 VFP 系统,在 Windows 的资源管理器中鼠标双击"学生信息管理系统. EXE",将立即执行应用程序,其主窗口如图 11.4 所示。单击应用程序中的"信息管理"→"学生基本资料",将打开其窗口,可以对学生信息进行操作。

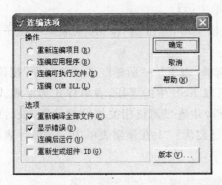

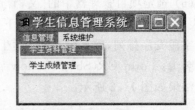

图 11.3　项目管理器——连编选项　　　　图 11.4　学生信息管理系统主窗口

5. 思考题

（1）编译可执行应用程序的目的是什么？编译生成的应用程序可以直接脱离 VFP 环境运行吗？

（2）如何设置应用程序的主文件？哪些文件可以作为应用程序的主文件？

（3）系统维护中的几个数据表的结构相似,能否设计一个表单,根据不同的菜单选项处理多个数据表中的内容？

（4）如果民族表（MZB）中的数据已经输入完整,执行应用程序时不再需要修改其内容,则生成可执行应用程序时应该如何处理此表？

11.2　制作应用程序的安装向导程序

1. 实验目的

学习应用程序安装向导程序的制作过程和方法,掌握发布应用程序中的基本概念及其作用。

2. 实验要求

为实验 11.1 中的可执行应用程序（学生信息管理系统.EXE）制作安装向导程序（Setup.EXE）。

3. 注意事项

在制作安装向导程序之前，需要先建立发布树目录（文件夹），并将要发布给用户的文件复制到该文件夹中。

4. 实验步骤

（1）通过 Windows 资源管理器在磁盘上建立一个发布目录，如 E:\XSXXGLXT，并将 E:\W50109901 文件夹中要提供给用户的文件（如表 11.3 所示）复制到发布树文件夹中。

表 11.3　制作安装向导程序所需要的文件

内　容	名　　称	对　应　文　件
数据库	学生信息（XSXX）	XSXX.DBC、XSXX.DCX、XSXX.DCT
表	学生表（XSB）	XSB.DBF、XSB.CDX、XSB.FPT
	课程表（KCB）	KCB.DBF、KCB.CDX
	成绩表（CJB）	CJB.DBF、CJB.CDX
	民族表（MZB）	MZB.DBF、MZB.CDX
	学院表（XYB）	XYB.DBF、XYB.CDX
程序	学生信息管理系统	学生信息管理系统.EXE

（2）选择"工具"→"向导"→"安装"，在如图 11.5 所示的安装向导窗口中，单击"创建目录"按钮，建立默认目录，用于存放向导需要的一些中间文件。

（3）在"定位文件"步骤中，单击"发布树目录"之后的选择按钮，选择应用程序文件（学生信息管理系统.EXE）所在的文件夹 E:\XSXXGLXT，设置结果如图 11.6 所示。

（4）在"指定组件"步骤中，选择应用程序运行时所需要的系统组件——"Visual FoxPro 运行时刻组件"，设置结果如图 11.7 所示。

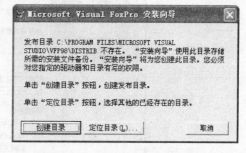

图 11.5　安装向导——创建目录

（5）在"磁盘映象"步骤中，选择制作的安装向导程序（Setup.EXE）所存放的位置和格式。本实验选择"磁盘映象目录"为 E:\XSXXGLXT，选择格式——"磁盘映象"为"Web 安装（压缩）"，设置结果如图 11.8 所示。

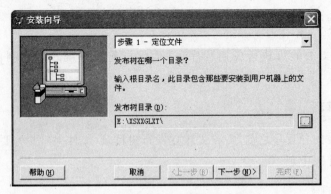

图 11.6 安装向导——定位文件

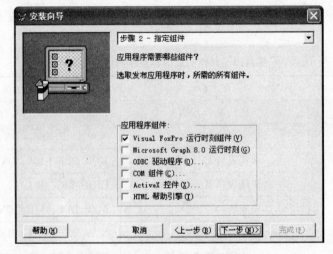

图 11.7 安装向导——指定组件

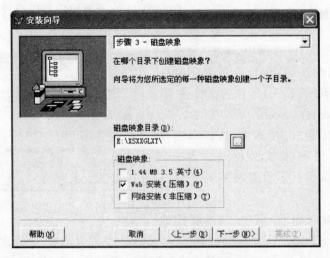

图 11.8 安装向导——磁盘映象

(6) 在"安装选项"步骤中,输入"安装对话框标题"为:学生信息管理系统软件,输入"版权信息"为:吉林大学版权所有,设置结果如图 11.9 所示。

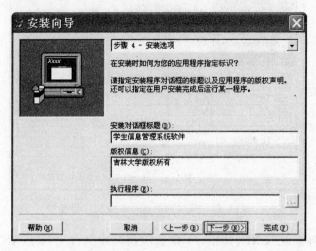

图 11.9 安装向导——安装选项

(7) 在"默认目标目录"步骤中,设置运行安装程序时要创建的默认安装目录名,系统"默认目标目录"是"发布树目录"。运行安装时,用户还可以修改安装目录。本实验设置为:\XSXXGLXT,设置结果如图 11.10 所示。

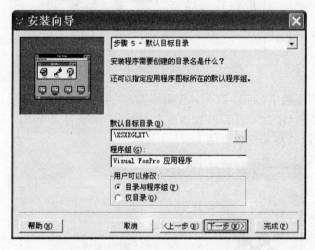

图 11.10 安装向导——默认目标目录

(8) 在"改变文件设置"步骤中(如图 11.11 所示),按默认目标目录(AppDir)位置安装应用程序,即全部文件安装到 E:\XSXXGLXT 文件夹下。选定"学生信息管理系统.EXE"行中的"程序管理器项",以便安装本应用程序后将其加到 Windows 系统的"开始"菜单的"程序"中。

在选定"学生信息管理系统.EXE"行中的"程序管理器项"时,将弹出"程序组菜单项"对话框(如图 11.12 所示),此时输入"说明"为:学生信息管理程序;输入"命令行"为:

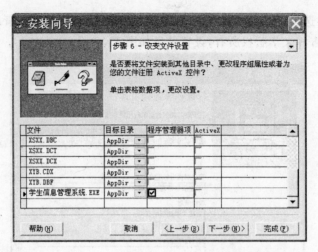

图 11.11　安装向导——改变文件位置

％s\学生信息管理系统.EXE,其中％s代表应用程序文件夹(E:\XSXXGLXT)。单击"确定"按钮。

图 11.12　"程序组菜单项"对话框

(9) 在"完成"步骤中(如图 11.13 所示),选定"生成 Web 可执行文件",单击"完成"按钮,系统开始在 E:\XSXXGLXT(磁盘映象目录)下的子目录 WEBSETUP 中生成安装向导程序(Setup.exe)及其所需要的文件。

图 11.13　安装向导——完成

(10) 将文件夹 E:\XSXXGLXT\WEBSETUP 中的文件通过存储设备或网络进行发布。在用户的计算机上鼠标双击可执行程序文件 SETUP.EXE,便可启动应用程序安装向导程序(如图 11.14 所示),在向导程序的引导下即可实现应用程序的安装。

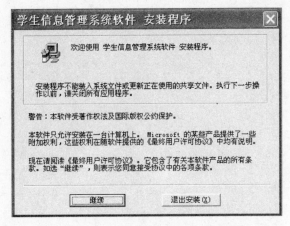

图 11.14　学生信息管理系统软件——安装程序

5. 思考题

(1) 学生信息(XSXX)数据库中除表 11.3 所列出的表文件外,还有视图等内容,为什么本实验中没有复制这些对象到发布目录中?

(2) 创建某应用程序的安装程序时,该应用程序一定要编译成可执行程序吗?

(3) 如果不制作安装程序,要在用户计算机中运行 VFP 应用程序,应该如何操作?

(4) 将磁盘映象目录设置为发布树目录是否合理? 可能出现的问题是什么?

下 篇

主教材习题分析及解答

习 题 一

一、用适当的内容填空（答案）

1. VFP
2. ① 结构化　　　② 面向对象
3. 数据库
4. ① 主界面　　　② 功能界面　　　③ 主窗口　　　④ 程序系统菜单
5. ① Setup.EXE　　② 下一步　　　③ MSDN　　　④ Vfp6.EXE
6. ① 程序　　　② Microsoft Visual FoxPro 6.0
7. 编写程序
8. ① 11　　　② 当前状态
9. ① 显示　　　② 工具栏
10. ① 格式　　　② 字体
11. ① F2　　　② F4
12. ① _Screen　　② Caption
13. ① 文件位置　　② 区域
14. Default
15. ① Config.FPW　② Command　　③ Mvcount
16. Quit
17. ① 目录或文件夹　② PJX 和 PJT　③ 添加　　　④ 多

二、从参考答案中选择一个最佳答案

1. B　　　　2. C　　　　3. B　　　　4. C　　　　5. D
6. ① C ② F　7. B　　　　8. D　　　　9. D　　　　10. ① B ② E
11. A　　　12. C　　　13. B　　　14. C　　　15. A
16. D　　　17. D　　　18. C　　　19. ① D ② B　20. A

三、从参考答案中选择全部正确的答案

1. BE　　2. ABDE　　　3. BCE　　4. ACD　　　　5. CDE
6. BDE　7. ① ABD ② BCF　8. BE　　9. ① ABCD ② ABC　10. BD
11. ABE　12. ① BCD ② AE　13. BDE　14. CE　　　15. AD
16. BCE　17. CE　　　　18. ADF　19. ACD

习 题 二

一、用适当的内容填空（答案）

1. ① 8　　　　② 20
2. ① 单引号　　② 双引号　　③ 方括号
3. $
4. ① 传统　　　② 严格
5. ① .真 或 .T.　② 假 或 .F.
6. 内存变量
7. ① 简单变量　② 数组变量
8. ① 字母　　　② 数字
9. ① 内存　　　② 赋值　　　③ 清除
10. 字段
11. $10/(2*X**2+6*X-3)+Exp(4)$
12. ① 1　　② −2　　③ 2　　④ −1
13. 314
14. 12
15. 1234
16. ① 1　　② −2　　③ 2　　④ −1
17. ① 2　　② 0
18. 10 年上海世博会
19. ******
20. 英语
21. ① MBMNMD　　　② AMNDE　　　③ MBD
22. 0.618
23. 1234.57
24. .F.
25. 相同 或 同种
26. X<=Y And Y<Z
27. ① Not　　② And　　③ Or
28. ① 数值　　② 关系　　③ 逻辑
29. .T.
30. ① U　　② C
31. ① N　　② C　　③ N

32. ① C   ② C   ③ L

33. . T.

34. ① 张强   ② 丁志

35. . F.

36. Save To A All Like X *

37. Store ＜表达式＞ To ＜内存变量名表＞

38. 字段变量

39. 1

40. &.

二、从参考答案中选择一个最佳答案

1. C   2. C   3. B   4. B   5. A   6. A   7. B   8. A   9. D
10. C   11. B   12. B   13. B   14. D   15. C   16. A   17. C   18. D
19. B   20. D   21. A   22. C   23. B   24. C   25. A   26. C   27. C
28. D   29. B   30. C   31. C   32. B   33. C   34. A   35. D   36. A
37. D   38. D   39. B   40. C   41. D   42. D   43. B   44. D   45. B
46. A   47. ① B ② D   48. C   49. B

三、从参考答案中选择全部正确的答案

1. AC   2. ACDE   3. ABE   4. BCE   5. ACD   6. CD   7. CE
8. AEF   9. DE   10. AF   11. CDE   12. ABDE   13. CE   14. BD
15. AD   16. AB   17. AC   18. CF   19. ABC   20. ACE   21. BE
22. BD   23. DF

习 题 三

一、用适当的内容填空（答案）

1. ① 逻辑设计　　② 物理设计　　③ 需求分析
2. ① 外或辅助　　② 二维　　③ 不可　　④ 一或1　　⑤ 空
3. ① 规定　　② 解释
4. ① 学院码和学院名　　② 学院码　　③ 学院码和学院名
5. ① XS　　② MZ　　③ XS
6. ① 民族名　　② 民族码
7. ① 月份和职工号

② （月份，职工号）→姓名、（月份，职工号）→基本工资、（月份，职工号）→奖金、（月份，职工号）→个人所得税、职工号→姓名、（基本工资，奖金）→个人所得税、（月份，职工号）→职工号和（月份，职工号）→月份

③ （月份，职工号）$\xrightarrow{P}$姓名、（月份，职工号）$\xrightarrow{P}$职工号和（月份，职工号）$\xrightarrow{P}$月份

④ （月份，职工号）$\xrightarrow{F}$基本工资、（月份，职工号）$\xrightarrow{F}$奖金、（月份，职工号）$\xrightarrow{F}$个人所得税、职工号$\xrightarrow{F}$姓名和（基本工资，奖金）$\xrightarrow{F}$个人所得税

⑤ （月份，职工号）→姓名和（月份，职工号）→个人所得税

8. ① 关系模式　　② 规范化或优化
9. ① 非主属性　　② 部分函数依赖　　③ 传递函数依赖
10. ① 3　　② XSA(学号，姓名，出生日期，民族码，专业码)、MZ(民族码，民族名)和ZY(专业码，专业名)
11. ① 规范化或优化　　② 非主属性　　③ 关键字　　④ 传递
12. ① 冗余　　② 异常　　③ 次数　　④ 时间
13. ① 节省存储空间　　② 冗余　　③ 原子性
14. ① 主索引　　② 候选　　③ 普通索引

二、从参考答案中选择一个最佳答案

1. B　　2. C　　3. C　　4. B　　5. C　　6. D　　7. D　　8. B　　9. A
10. A　　11. B　　12. B　　13. C　　14. D　　15. D　　16. C

三、从参考答案中选择全部正确的答案

1. BF　　2. AD　　3. BC　　4. DF　　5. AF　　6. AD　　7. CE　　8. AC
9. ADF　　10. BC　　11. AB　　12. BD　　13. BD　　14. AE　　15. BF　　16. AE

17. CD   18. BE   19. AE

四、数据库设计题

1. 分析与设计

【分析】 由题意得知，每人每月发放一次工资，因此，关键字是(月份，职工号)；姓名、工作时间等部分函数依赖关键字(月份，职工号)，合计和实发工资传递函数依赖关键字，在第三范式中要消除这些函数依赖关系。另外，考虑所得税率和社会保险各月均不同，因此，所得税和社会保险不传递函数依赖关键字。职称可以采用1位编码，以便节省存储空间。

本题中涉及职工、工资和职称三类实体。根据概念单一化，一个关系模式对应一个实体型的总体设计原则，本数据库可由如下3个第三范式的关系模式组成。

【设计】

(1) 职工关系模式：ZGB(职工号，姓名，工作时间，职称码，性别)。ZGB 的表结构如表 3.1 所示。

表 3.1   职工表(ZGB)

字段名	类型	宽度	有效性规则	默认值
职工号	字符型	6	Len(Allt(职工号))=6	
姓名	字符型	8		
工作时间	日期型	8	工作时间<=Date()	Date()
职称码	字符型	1	职称码 $ '1234'	'3'
性别	字符型	2	性别 $ '男女'	'男'

(2) 工资关系模式：GZB(月份，职工号，职务工资，岗位津贴，奖金，所得税，社会保险)。由于每人每个月都要发放工资，所以 GZB 关系模式的关键字为：(月份，职工号)，对应的表结构如表 3.2 所示。

表 3.2   工资表(GZB)

字段名	类型	宽度	小数位数	有效性规则	默认值
月份	字符型	4		Len(Allt(月份))=4	
职工号	字符型	6		Len(Allt(职工号))=6	
职务工资	数值型	9	2	职务工资>=0	0
岗位津贴	数值型	9	2	岗位津贴>=0	0
奖金	数值型	9	2	奖金>=0	0
所得税	数值型	8	2	所得税>=0	0
社会保险	数值型	8	2	社会保险>=0	0

(3) 职称关系模式：ZCB(职称码，职称)。ZCB 的表结构如表 3.3 所示。

对工资数据库优化后得到 3 个表中的数据如表 3.4～表 3.6 所示。

表 3.3　职称表（ZCB）

字段名	类型	宽度	小数位数	有效性规则	默认值
职称码	字符型	1		职称码 $ '1234'	'3'
职称	字符型	4			
级差	整型	4		级差＞0	0

表 3.4　职工表（ZGB）中的数据

职工号	姓名	工作时间	职称码	性别	职工号	姓名	工作时间	职称码	性别
000101	李晓伟	1982/07/01	1	男	601012	赵雪丹	2004/01/01	4	女
100219	王春丽	1986/07/01	2	女	⋮	⋮	⋮	⋮	⋮
400309	马霄汉	1999/07/01	3	男					

表 3.5　职称表（ZCB）中的数据

职称码	职称	级差	职称码	职称	级差
1	正高	40	3	中级	20
2	副高	30	4	初级	15

表 3.6　工资表（GZB）中的数据

月份	职工号	职务工资	岗位津贴	奖金	所得税	社会保险
0701	000101	1370	1200	1650	253	300
0701	100219	925	800	1350	102	245
0701	400309	710	500	900	25	50
0701	601012	600	350	700	2	30
⋮	⋮	⋮	⋮	⋮	⋮	⋮

2. 分析与设计

【分析】　本题中涉及股东、股票和股东账号 3 个实体，另外，需要描述股东与股票之间的联系，因此本数据库需要 4 个关系模式。

【设计】

（1）股东关系模式：GDB(身份证号，姓名，联系电话)。GDB 的表结构如表 3.7 所示。

表 3.7　股东表（GDB）

字段名	类型	宽度	有效性规则	默认值
身份证号	字符型	18	Len(Allt(身份证号))＞＝16	0000000000000000
姓名	字符型	8		
联系电话	字符型	15		

（2）股票关系模式：GPB(股票代码，股票名称，现价)。GPB 的表结构如表 3.8 所示。

表 3.8　股票表（GPB）

字段名	类型	宽度	小数位数	有效性规则	默认值
股票代码	字符型	6		Len(Allt(股票代码))=6	000000
股票名称	字符型	8			
现价	数值型	7	2	现价>=0	0

（3）股东账号关系模式：GDZHB(身份证号,股东账号,开户时间,资金余额)。由于允许一个股东开多个账号，因此，该关系模式的关键字为：(身份证号,股东账号)。GDZHB 的表结构如表 3.9 所示。

表 3.9　股东账号表（GDZHB）

字段名	类型	宽度	小数位数	有效性规则	默认值
身份证号	字符型	18		Len(Allt(身份证号))>=16	000000000000000000
股东账号	字符型	9		Len(Allt(股东账号))=9	
开户时间	日期型	8		开户时间<=DATE()	DATE()
资金余额	数值型	11	2	资金余额>=0	0

（4）股东股票关系模式：GDGPB(股东账号,股票代码,持有数量,均价)。由于一个股东账号允许持有多只股票，因此，GDGPB 关系模式的关键字为：(股东账号,股票代码)，对应的表结构如表 3.10 所示。

表 3.10　股东股票表（GDGPB）

字段名	类型	宽度	小数位数	有效性规则	默认值
股东账号	字符型	9		Len(Allt(股东账号))=9	000000000
股票代码	字符型	6		Len(Allt(股票代码))=6	000000
持有数量	数值型	8		持有数量>=0	0
均价	数值型	7	2	均价>=0	0

对股票数据库优化后得到 4 个表中的数据如表 3.11～表 3.14 所示。

表 3.11　股东表（GDB）数据

身份证号	姓名	联系电话
8801011965032101301	王晓光	85666453
8801011955091221801	赵雪丹	13843037563
⋮	⋮	⋮

表 3.12　股票表（GPB）数据

股票代码	股票名称	现价
600000	浦发银行	11.50
600008	首创股份	7.22
600019	宝钢股份	6.01
600003	东北高速	4.98
⋮	⋮	⋮

表 3.13　股东账号表（GDZHB）数据

身份证号	股东账号	开户时间	资金余额
8801011965032101301	A01010321	2002/07/01	20010
8801011965032101301	B06120323	2002/07/01	40000
8801011955091221801	A09010201	2004/01/01	150000
⋮	⋮	⋮	⋮

表 3.14　股东股票表（GDGPB）数据

股东账号	股票代码	持有数量	均价	股东账号	股票代码	持有数量	均价
A01010321	600000	700	10.21	A09010201	600003	500	5.62
A01010321	600008	15000	5.43	⋮	⋮	⋮	⋮
B06120323	600019	13200	7.25				

习 题 四

一、用适当的内容填空(答案)

1. ① 数据库表　　② 视图　　③ 关系　　④ 存储过程　　⑤ 连接
2. ① 基本　　② 备份　　③ 索引
3. ① Open DataBase　② 当前
4. ① Close DataBase　② Close DataBase All
5. ① 数据库表　　② DBF　　③ 自由表
6. ① C　　　② N　　　③ D　　　④ L
7. ① M　　　② G　　　③ FPT
8. ① 性别='1' Or 性别='2' 或者 性别 $ '12'
   ② 性别　='男' Or 性别='女' 或者 性别 $ '男女'
9. ① 255　　② 128　　③ 10
10. ① 显示　　② 字段有效性
11. ① 自由表　　② 属性
12. ① 32767　　② 1
13. ① Select　　② 别名　　③ 工作区号　　④ 最小空闲
14. ① Alias　　② 表文件主名
15. ① B->姓名　　② B.姓名
16. ① 逻辑删除　　② 隐藏或不显示
17. ① Append　　② Append From
18. ① While　　② For
19. ① Edit　　② Change　　③ Browse　　④ Replace　　⑤ Fields
20. ① List　　② Display　　③ To Printer
21. ① Go 5　　② Skip 3
22. ① 独立索引　　② 结构索引　　③ 非结构复合索引　　④ IDX　　⑤ CDX
    ⑥ CDX　　⑦ 主索引　　⑧ 候选索引　　⑨ 普通索引　　⑩ 唯一索引
23. ① 主索引　　② 候选索引　　③ 唯一索引　　④ 普通索引
24. ① 结构　　② 排序
25. ① Locate　　② Seek　　③ Seek
26. ① Count 或 Sum　② Sum　　③ Total
27. ① 一对一　　② 一对多　　③ 索引
28. ① 永久　　② 临时

二、从参考答案中选择一个最佳答案

1. D   2. B   3. C   4. A   5. D   6. D   7. D   8. C
9. A   10. C   11. C   12. B   13. C   14. B   15. B   16. A
17. A   18. ① A ② D   19. B   20. D   21. C   22. D   23. A
24. B   25. B   26. A   27. A   28. D

三、从参考答案中选择全部正确的答案

1. BE   2. BDE   3. AD   4. BE   5. ACE   6. AC   7. AC
8. DE   9. BDF   10. BD   11. BE   12. BC   13. AEF   14. ABDE
15. AC   16. ACF

四、数据库设计题

1. 分析与设计

图书馆的每一种图书都有一个索书号,但一种图书可能有多本,故索书号不能作为图书表的主关键字。每一本图书都有一个唯一的条码号,故可以用图书的条码号作为图书的主关键字。图书表的结构如表 4.1 所示。

表 4.1   图书表(TSB)

字段名	类型	宽度	字段名	类型	宽度	字段名	类型	宽度
索书号	字符型	20	开本	字符型	10	ISBN	字符型	17
书名	字符型	60	字数	字符型	10	条码号	字符型	14
著者	字符型	30	版次	字符型	2			
出版社	字符型	30	定价	数值型	6,2			

读者借阅表(JYB)需要记载读者的借书证号、借阅的图书条码号及借阅日期。为方便管理,可以设置以天数为单位的借阅时间。借阅表的主键为图书条码号,还应该建立图书证号的普通索引,其表结构如表 4.2 所示。

表 4.2   借阅表(JYB)

字段名	类型	宽度	有效性规则	默认值
借书证号	字符型	14		
图书条码号	字符型	14		
借阅日期	日期型	8	借阅日期<=date()	
借阅天数	数值型	3		30

借阅人员资料表(RYZLB)需要记载图书借阅者的基本信息,表的主键为借书证号,对于借阅人所在的学院采用 2 位编码表示,为此需要创建学院表。人员资料表的结构如表 4.3 所示。

表 4.3　借阅人员资料表（RYZLB）

字段名	类型	宽度	字段名	类型	宽度	字段名	类型	宽度
借书证号	字符型	14	姓名	字符型	30	所在学院	字符型	2
证件号码	字符型	20	性别	字符型	2	联系电话	字符型	11

学院表（XYB）用于记录各学院基本信息，当借阅者借阅的图书超期而又联系不到时，可以通过学院查找。学院表的主键为学院编码，其表结构如表 4.4 所示。

表 4.4　学院表（XYB）

字段名	类型	宽度	字段名	类型	宽度
学院编码	字符型	2	办公地址	字符型	60
学院名称	字符型	30	联系电话	字符型	11

2. 分析与设计

商品类别表（SPLBB）用于记载商品的类别。如食品、饮料、家电等，考虑到商场的规模，类别编码用 2 位字符并作为表的主键，其表结构如表 4.5 所示。

表 4.5　商品类别表（SPLBB）

字段名	类型	宽度	字段名	类型	宽度
类别编码	字符型	2	类别名称	字符型	20

供货商资料表（GHS）用于记载供货商的基本资料，主键是供货商编号，还可以建立供货商名称的普通索引，其表结构如表 4.6 所示。

表 4.6　供货商资料表（GHS）

字段名	类型	宽度	字段名	类型	宽度	字段名	类型	宽度
供货商编号	字符型	2	供货种类	字符型	60	联系人	字符型	30
供货商名称	字符型	60	办公地点	字符型	60	联系电话	字符型	20

商品信息表（SPB）用于记载所售商品的基本信息，以商品编码为主键，商品编码采用 ＜2 位类别编码＞＋＜2 位供货商编码＞＋＜4 位流水号＞的方式编排。对小型商场可以将商品信息和库存信息合并在一个表中，在不考虑进货批次的情况下，表结构如表 4.7 所示。

表 4.7　商品信息表（SPB）

字段名	类型	宽度	字段名	类型	宽度	字段名	类型	宽度
商品编码	字符型	8	单位	字符型	30	销售价	数值型	8,2
商品名称	字符型	20	进货价	数值型	8,2	进货日期	日期型	8
规格	字符型	30	库存数量	数值型	4	折让	数值型	3,2

业务人员信息表（RYB）用于记载能够操作商品信息数据库的人员基本资料，其编码采用 6 位字符方式。为区分人员类别信息，如收银员、部门经理等，可以对编码的首位做出规定，如首位为"1"表示部门经理，为"2"表示收银员等。人员表的结构如表 4.8 所示。

表 4.8 业务人员信息表（RYB）

字段名	类型	宽度	字段名	类型	宽度	字段名	类型	宽度
职工编号	字符型	6	姓名	字符型	30	联系电话	字符型	20
身份证号	字符型	18	录用时间	日期型	30	登录系统口令	字符型	12

商品销售表（SPXSB）用于记载每一笔销售的基本信息，销售单据号由＜8 位日期＞＋＜2 位销售终端号＞＋＜4 位终端流水号＞构成。实际应用中商品的售价、折让信息可以根据市场随时调整，所以销售表中要记录真正发生销售时商品的售价、折让情况。因为每一笔销售可能包含多件商品，故商品销售表的主键为＜销售单据号＞＋＜商品编码＞；为查看某一商品的销售情况，可以为表建立商品编码的普通索引；为核对业务员的销售信息，可以建立业务员号的普通索引。商品销售表的结构如表 4.9 所示。

表 4.9 商品销售表（SPXSB）

字段名	类型	宽度	字段名	类型	宽度	字段名	类型	宽度
销售单据号	字符型	14	折让	数值型	3,2	业务员号	字符型	6
商品编码	字符型	8	销售数量	数值型	5			
单价	数值型	8,2	售货终端	字符型	2			

习 题 五

一、用适当的内容填空（答案）

1. ① 结构化查询　② 关系数据库　③ Null
2. ① 数据定义语言　② 数据操纵语言　③ 数据查询语言　④ 数据控制语言
3. ① 命令窗口　② 程序　③ 查询　④ 视图
　　⑤ 编号最小空闲　⑥ 仍然打开或不关闭
4. ① 自由　② 数据库
5. ① F_MC、BHMC　② TEST. DBF、TEST. CDX　③ 数据库　④ 数据库
6. ① 候选　② 唯一　③ 结构索引
7. ① 结构索引　② 备注　③ Recycle　④ 当前数据库
8. ① 对应　② 一致
9. ① 尾部　② 列　③ 空　④ 行数
10. ① %　② _
11. ① 1　② 2
12. ① Into Cursor　② Into Array　③ Distinct
13. ① 文本　② 表　③ 表
14. ① Sum　② Count　③ AVG
15. ① 列名　② 列序号
16. ① Where　② Where　③ Having
17. ① 当前　② 查询
18. ① 行数　② 列数
19. ① 3　② 7　③ TM. DBF、TM. FPT
20. ① 嵌套　② Delete、Update 和 Select　③ Where　④ 小括号
21. ① 字段　② 字段　③ All　④ Exists
22. ① 第一　② 相同　③ 数据类型　④ 宽度
　　⑤ Union　⑥ Union All
23. ① 1　② QPR　③ 扩展名

二、从参考答案中选择一个最佳答案

1. C　　　2. ① G　② B　③ E　　3. C　　4. A　　5. B
6. D　　　7. C　　　8. A　　　9. A　　　10. D　　11. B
12. ① C　② B　　　13. D　　14. ① B　② E　③ A　　15. C
16. ① D　② E　③ C　④ B　⑤ B　⑥ B　　　17. B　　18. B

19. ① C ② B　　　　20. A　　　21. B　　　22. ① B ② A
23. ① B ② D

三、从参考答案中选择全部正确的答案

1. BDE　　　2. DE　　　3. ① CDE　② ABFG　　4. CDFG
5. ABE　　　6. BC　　　7. BE　　　　8. ADF　　　　9. BF
10. DF　　　11. BC　　　12. ACEF　　13. AE　　　　14. ABEF
15. ACE　　16. BE　　　17. BCDEF　18. BE　　　　19. ① AE　② BCDF
20. BCF　　21. BE　　　22. ① CE　② AD　　　　23. ABD
24. BD　　　25. BD　　　26. AD　　　27. ABE　　　28. BD

四、SQL 语句设计题

1. 分析及答案

【分析】　本题要求用数据定义语言中的 Create Table 语句建立数据库表,在执行 Create Table 语句前,应该有当前数据库。

【答案】

```
Open DataBase XSXX
Create Table TEST;
(;
    学号 C(8) Primary Key,姓名 C(8),;
    出生日期 D Null,性别 C(2) Default "男";
    Check 性别="男".Or.性别="女";
    Error "性别只能输入男或女字",简历 M;
```

2. 分析及答案

【分析】　删除数据库表中字段的默认值和有效性规则的 SQL 语句为 Alter Table,在执行此语句前不需要打开数据库,该语句能自动打开表所在的数据库。

【答案】

```
Alter Table TEST Alter 性别 Drop Check Alter 性别 Drop Default
```

3. 分析及答案

【分析】　通过 SQL 语句 Alter Table 建立候选关系索引实现设置候选关键字。

【答案】

```
Alter Table KCB Add Unique 课程名 Tag 课程名
```

4. 分析及答案

【分析】　先使用数据定义语言中的 Alter Table 语句增加民族分字段,然后使用数据操纵语言中的 Update 语句修改民族分字段的值。由于要求将每个少数民族学生的民族分填写成 5 分,因此,需要用到学生的民族信息,故需要用到 XSB,而 XSB 中通过民族码(01 为汉族)体现民族信息,通过一个嵌套的 SQL 语句实现。

【答案】

```
Alter Table CJB Add 民族分 I
Update CJB Set 民族分=5 Where 学号 in;
    (Select 学号 From XSB Where 民族码<>"01")
```

5. 分析及答案

【分析】 输出的数据来自 MZB(民族名)、KCB(课程名称),通过 CJB 统计出选课人数、最高分、最低分和平均分。实际上需要 XSB 将 MZB 和 CJB 关联起来。由于要求统计每个民族的各门课程情况,因此需要按民族名和课程名进行分组。

【答案】

```
Select 民族名,课程名,Count(*) As 选课人数,;
    Max(考试成绩+课堂成绩+实验成绩)As 最高分,;
    Min(考试成绩+课堂成绩+实验成绩)As 最低分,;
    Avg(考试成绩+课堂成绩+实验成绩)As 平均分;
    From MZB Join XSB Join CJB Join KCB;
    On KCB.课程码=CJB.课程码    On XSB.学号=CJB.学号;
    On MZB.民族码=XSB.民族码;
    Group By 民族名,课程名;
    Order By 1,2                    && 民族名相同时再按课程名排序
```

6. 分析及答案

【分析】 要求输出学生的各门课程的总成绩,因此,要对学号进行分组,使得每个学生的所有课程为一组。总成绩前十名的要求,可以按总成绩由高到低排序,再由 TOP 短语实现。

【答案】

```
Select Top 10 CJB.学号,姓名,;
    SUM(考试成绩+课堂成绩+实验成绩)As 总成绩;
    From CJB Join XSB On CJB.学号=XSB.学号;
    Group By CJB.学号 Order By 总成绩 DESC
```

7. 分析及答案

【分析】 根据题目要求可以从下列 3 个主要方面分析。

(1) 按学号分组可以输出每个学生的选课门数和总成绩。

(2) 各科成绩都在 60 分及以上并且无重修的要求,可以理解为只要有 60 分以下或重修课程,就不应该将这样的学生信息输出出来,可以通过 Not Exist 和 SQL 语句的嵌套结合实现。

(3) 由于选课 5 门及以上的要求,是对统计结果的进一步筛选的问题,因此,不应该在语句中的 Where 短语中考虑此类问题,而应该在 Having 短语解决这个问题。

【答案】

```
Select XSB.学号,姓名,Count(CJB.学号)As 课程门数,;
```

```
    Sum (考试成绩+课堂成绩+实验成绩) As 总成绩;
    From XSB,CJB;
    Where XSB.学号=CJB.学号 And Not Exist;
    (;
      Select * ;
          From CJB;
          Where XSB.学号=学号 And;
          (考试成绩+课堂成绩+实验成绩<60 Or 重修);
    );
    Group By XSB.学号 Having 课程门数>=5;
    Order By 4 DESC
```

8. 分析及答案

【分析】 此题是两个方面的问题,一是没有学生选的课程,即在 CJB 中没有课程码的课程信息,二是在 CJB 中有成绩小于 60 分的课程信息。可以通过一个主 Select 嵌套两个并列的语句实现,也可以用 Union 合并两个 Select 语句实现。

【答案】

(1) 一个主 Select 嵌套两个并列的语句实现:

```
Select * From KCB;
    Where Not Exists;
    (;
      Select * From CJB;
          Where KCB.课程码=CJB.课程码;
    );
    Or Exists;
    (;
      Select * From CJB;
          Where KCB.课程码=CJB.课程码 And;
          考试成绩+课堂成绩+实验成绩<60;
    )
```

(2) 用 Union 合并两个 Select 语句实现:

```
Select * From KCB;
    Where Not Exists;
    (;
        Select * From CJB;
            Where KCB.课程码=CJB.课程码;
    );
Union;
Select * From KCB;
    Where Exists;
    (;
        Select * From CJB;
```

```
        Where KCB.课程码=CJB.课程码 And;
        考试成绩+课堂成绩+实验成绩<60;
    )
```

9. 分析及答案

【分析】　此题首先需要根据 CJB 统计出每门课程的最高分以及得此分的学号,保存到临时表 TMP 中,将 TMP 与 KCB 进行关联,再将最高分和学号填入到 KCB 中。

【答案】

```
Alter Table KCB Add 最高分 N(6,2) Add 学号 C(8)              && 增加字段
Select 课程码,学号,考试成绩+课堂成绩+实验成绩 As 成绩;
    From CJB As K;
    Where 考试成绩+课堂成绩+实验成绩=;
    (;
        Select Max(考试成绩+课堂成绩+实验成绩);
        From CJB;
        Where CJB.课程码=K.课程码;
    );
    Into Table TMP
Select TMP
Index On 课程码 To TMP
Select KCB
Set Relation To 课程码 Into TMP                            && KCB 与 TMP 按课程码关联
Replace All 学号 With TMP.学号,最高分 With TMP.成绩
Close All
Drop Table TMP
```

10. 分析及答案

【分析】　在建立视图时要有当前数据库,通过视图不能改变结果的输出位置,需要以视图为数据源利用 Select 语句将结果数据存于 JG_VIEW.TXT 中。

【答案】

```
Open DataBase XSXX
Create View JG_VIEW As;
Select XSB.学号,姓名,课程名,考试成绩+课堂成绩+实验成绩 As 成绩;
    From XSB,CJB As A,KCB;
    Where XSB.学号=A.学号 And KCB.课程码=A.课程码 And;
    考试成绩*0+60>All;
    (;
        Select 考试成绩+课堂成绩+实验成绩 From CJB As B;
        Where A.学号=B.学号;
    )
Select * From JG_VIEW To File JG_VIEW
Close All
```

习　题　六

一、用适当的内容填空（答案）

1. ① PRG　　② FXP　　③ APP　　④ EXE
2. Input
3. 3
4. Exit
5. EndDo
6. EndScan
7. 0
8. ① 公共变量　② 私有变量　③ 局部变量
9. ①.F.　　② .F.

二、从参考答案中选择一个最佳答案

1. C　　2. B　　3. C　　4. B　　5. B　　6. C　　7. C　　8. B　　9. C
10. B　　11. A

三、从参考答案中选择全部正确的答案

1. ABC　　2. BE　　3. ABCF　4. CD　　5. DEF　　6. BC　　7. BC

四、阅读程序，用运行结果填空（答案）

1. ① 30　　② 15　　③ 3　　　　　2. ① 404　② 505　③ 606
3. ① 11　　② 18　　③ 26　　　　4. 46
5. ① 2　　② VFP　③ 5　　④ 学习 VFP
6. ① 学习　② 4　　③ 5　　④ 学习 VFP
7. ① 2　　② 3　　③ 1　　④ 6　⑤ 3　⑥ 3　⑦ 1　⑧ 6　⑨ 4
8. ① 2　　② 3　　③ 1　　④ 6　⑤ 3　⑥ 8　⑦ 3　⑧ 1　⑨ 6　⑩ 4
9. ① 1　　② 2　　③ 3　　④ 10　⑤ 20　⑥ 33

五、用适当内容填空，使程序完整（答案）

1. ① &Name　　　　② M="1"　　　③ Goto N 或 Go N
2. ① CJB　　　　　② Scan　　　　③ MX
3. ① For N=1 To 7　② Endif　　　　③ SM=SM+CJ(M)
4. ① Upper(CX)="Y"　② XH　　　　③ Found() 或 !Eof()

5. ① Mod(K,3)＝0   ② Do P1 With K   ③ Public N
6. ① 9   ② M   ③ ?

六、用程序中执行到的语句编号填空，多次执行到的语句重复填写其编号

① 1   ② 4   ③ 4   ④ 2   ⑤ 1   ⑥ 2   ⑦ 1   ⑧ 3   ⑨ 2

七、修改程序中的错误

【分析】　要实现两个变量互换值，应引入中间变量暂时存放数据。例如，A(K)与N互换值时，应引入中间变量 T：先将 A(K)的值暂时保存在变量 T 中(T＝A(K)语句)，然后让变量 A(K)等于 N 的值(A(K)＝N 语句)，最后让变量 N 等于 T 的值(即原来A(K)的值)。

带下划线的地方是修改后的内容，改正后程序如下：

【设计】　程序文件 EXE6_71.PRG：

```
Dimension A(6)
A(1)=-10000
A(2)=-100
A(3)=0
A(4)=100
A(5)=10000
Input "请输入要插入的整数：" To N      && 将 Into 改为：To
For K=1 To 5                          && 将 6 改为：5
If A(K)>N
    T=A(K)                           && 将 A(K)=N 改为：T=A(K)
    A(K)=N                           && 增加：A(K)=N
    N=T                              && 将 N=A(K)改为：N=T
  Endif
Next K                               && 将 Next N 改为：Next K
A(6)=N                               && 增加：A(6)=N
?"A 数组的 6 个元素按非逆序输出："
For K=1 To 6
    ? A(K)
Endfor
```

八、程序设计题

1. 分析与设计

【分析】　对 100 到 999 中的每个数，先求出其百位数、十位数和个位数，再判断这3 个数的立方和等于当前数是否成立？若成立，则输出当前数。用从 100 到 999 的循环结构编写程序最为合适。

【设计】 程序文件 EXE6_81.PRG：

```
Clear
?"100～999中水仙花数有："
For N=100 To 999
    I=Int(N/100)                         && 取 N 的百位数,保存在变量 I 中
    J=Int((N%100)/10)                    && 取 N 的十位数,保存在变量 J 中
    K=Mod(N,10)                          && 取 N 的个位数,保存在变量 K 中
    If N=I^3+J^3+K^3                      && 判断 N 是否为"水仙花数"
        ? N
    Endif
Endfor
```

2. 分析与设计

(1) 使用 Do While 循环结构

【分析】 如果记录指针没有指向文件结束位置,Do While 循环的循环条件!Eof()就成立,执行循环体,按成绩划分等级。在循环体内使用 Do Case 多分支结构判断成绩的等级。当一个成绩划分等级后,使用 Skip 语句将记录指针指向下一条记录。

【设计】 程序文件 EXE6_821.PRG：

```
Use CJB
Do While !Eof()
    总分=考试成绩+课堂成绩+实验成绩
    Do Case
    Case 总分>=86
        DJ="优"
    Case 总分>=80
        DJ="良"
    Case 总分>=65
        DJ="中"
    Case 总分>=60
        DJ="合格"
    Otherwise
        DJ="不及格"
    Endcase
    ? 学号+"的总分是"+str(总分,3)+"         成绩等级："+DJ
    Skip
Enddo
```

(2) 使用 For 循环结构

【分析】 由于对 CJB 中的每个成绩记录都需要划分等级,所以 For 循环的循环次数是 RecCount()。在循环体内使用嵌套的 Iif 函数判断成绩的等级。当一个成绩划分等级后,使用 Skip 语句将记录指针指向下一条记录。

【设计】 程序文件 EXE6_822.PRG：

```
Use CJB
For I=1 To RecCount()
    总分=考试成绩+课堂成绩+实验成绩
    DJ=Iif(总分>=86,"优",Iif(总分>=80,"良",Iif(总分>=65,"中",;
        Iif(总分>=60,"合格","不及格"))))
    ? 学号+"的总分是"+str(总分,3)+"        成绩等级："+DJ
    Skip
Next I
```

(3) 使用 Scan 循环结构

【分析】 由于 Scan 循环结构可以对 CJB 表中的每个成绩记录依次划分等级,所以在循环体内不需要再使用改变记录指针的 Skip 语句。

【设计】 程序文件 EXE6_823.PRG：

```
Use CJB
Scan
    总分=考试成绩+课堂成绩+实验成绩
    DJ=Iif(总分>=86,"优",Iif(总分>=80,"良",Iif(总分>=65,"中",;
        Iif(总分>=60,"合格","不及格"))))
    ? 学号+"的总分是"+str(总分,3)+" 成绩等级："+DJ
Endscan
```

3. 分析与设计

【分析】 如果声明的数组行数和列数符合要求,则首先利用两层 For 循环嵌套给每个数组元素赋值,然后使用两层 For 循环嵌套求出每行的最小值。

【设计】 程序文件 EXE6_83.PRG：

```
Input "数组行数(>=1): " To X
Input "数组列数(>=1): " To Y
If X * Y>65000 Or X * Y<2
  MessageBox("数组中元素个数过多或过少")
Else
  Dimension AM(X,Y)
  For M=1 To X                    && 嵌套在分支语句中的外层循环,控制数组行
    For N=1 To Y                  && 控制数组列
      Input "第"+Str(M,5)+"行第"+Str(N,5)+"列元素: " To AM(M,N)
    EndFor
  EndFor
  For M=1 To X                    && 控制数组行
    Z=AM(M,1)                     && 先假设 AM(M,1)是第 M 行中的最小值
    For N=2 To Y                  && 控制数组列
      Z=Min(Z,AM(M,N))           && 求 Z 与第 M 行第 N 列中的较小者
    EndFor
```

```
    ?"第"+Str(M,5)+"行元素的最小值是: ",Z          &&Z 是第 M 行中的最小值
  EndFor
EndIf                                              && 结束最外层的 If 语句
```

4. 分析与设计

【分析】 在主程序 ZH 中,使用 If 分支结构判断输入的 m 与 n 值是否符合要求。如果符合要求,则调用求阶乘子程序 JC 分别求出 m!、n!和(m−n)!的值,最终计算出 C_m^n 的值。

【设计】 主程序文件 EXE6_84.PRG:

```
Clear
Input "请输入整数 m(m>0 且 m<=10): " To m
Input "请输入整数 n(n>0 且 n<=10): " To n
If m<=0 .Or. m>10 .or. n<=0 .Or. n>10 .Or. n>m
    Wait "输入的 m 或 n 值不符合要求!"
Else
    ? JC(m)/(JC(n) * JC(m-n))
Endif
Return
**************************
Procedure JC
    Parameters X
    S=1
    For Z=1 To X
        S=S * Z
    Next Z
    Return S
```

习 题 七

一、用适当的内容填空（答案）

1. ① Create Form　　② Modify Form
2. ① SCX　　② 表单文件　　③ SCT　　④ 表单备注文件
3. ① 对象　　② 属性
4. ① 属性　　② 全部
5. Caption
6. Show
7. ① 关闭当前表单（或释放当前表单）　　② 刷新当前表单
8. ① 控件　　② 单击或拖动
9. ① 用户触发　　② 系统触发　　③ 程序代码触发
10. ① 基本　　② 容器　　③ 容器
11. ① 属性　　② 事件　　③ 方法程序
12. WindowType
13. ① 静态　　② 动态
14. Load
15. ① 系统定义　　② 用户自定义
16. Event
17. Release
18. ① 新建方法程序　　② 编辑属性/方法程序
19. ShowWindow

二、从参考答案中选择一个最佳答案

1. D　　2. C　　3. A　　4. B　　5. B　　6. A　　7. B　　8. A　　9. D
10. D　11. D　12. B　13. A　14. A　15. B　16. B　17. A　18. A
19. C　20. D

三、从参考答案中选择全部正确的答案

1. ACE　2. BCDE　3. ADE　4. BD　　5. ACE　6. BDE　7. AC
8. AB　　9. CD

四、表单设计题

1. 分析与设计

【分析】　在表单运行时，需要动态设置表单的 AutoCenter、Caption 属性的值。另

外,要求显示所有学生的信息,题中没有要求添加其他控件,因此,可以用 SQL-Select 语句显示数据。

【设计】

(1) 在命令窗口中执行:

```
Create Form EXE7_1
```

(2) 单击"表单控件"工具栏的"命令按钮",再单击表单建立命令按钮 Command1,在属性窗口中,将其 Caption 值设置为:显示。

(3) 双击"显示"按钮,在 Command1 的 Click 事件代码编辑器中,编写如下代码:

```
ThisForm.AutoCenter= .T.
ThisForm.Caption="学生信息"
Select * From XSB
```

2. 分析与设计

【分析】 本题主要考核学生建立和调用自定义方法程序的能力。

【设计】

(1) 在命令窗口中执行:

```
. Create Form EXE7_2
```

(2) 单击"表单控件"工具栏的"命令按钮",再单击表单建立命令按钮 Command1,在属性窗口中将其 Caption 值设为:打开。

(3) 单击"表单"→"新建方法程序",在"新建方法程序"对话框输入"名称"及"说明"中的内容如图 7.1 所示,单击"添加"按钮,建立了方法程序 dispxsb,再单击"关闭"按钮。

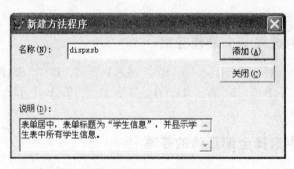

图 7.1 建立方法程序的对话框

(4) 在属性窗口的"方法程序"选项卡中,双击"dispxsb"方法程序,选定"对象"为"Form1","过程"为 dispxsb,编写如下代码:

```
Do Form EXE7_1
```

(5) 在代码编辑器的"对象"中选择 Command1;"过程"选择 Click,编写代码:

```
Thisform.dispxsb
```

习 题 八

一、用适当的内容填空（答案）

1. ① Curvature   ② 0   ③ Width   ④ Height
2. ① 右击   ② 生成器
3. ① RowSourceType   ② RowSource
4. ① Style   ② 下拉组合框   ③ 下拉列表框
5. ① 列   ② 布局   ③ RecordSourceType   ④ RecordSource
6. 页面
7. ① 右   ② 编辑
8. ① Enabled   ② Visible
9. Modify Form
10. .T.

二、从参考答案中选择一个最佳答案

1. C   2. D   3. A   4. C   5. C   6. A   7. A   8. A   9. C
10. D   11. D   12. C   13. A   14. C   15. C   16. D   17. A   18. D
19. D   20. C

三、从参考答案中选择全部正确的答案

1. ACD   2. CDE   3. AC   4. ABCDE   5. ABD   6. CD
7. ABCEF   8. BDE   9. AC   10. AD   11. BE   12. AB
13. BD   14. BE   15. CE   16. AD   17. AD   18. AE
19. AD   20. CE

四、表单设计题

1. 分析与设计

【分析】 根据题意，在表单中用命令按钮组和文本框实现计算器的功能，将按钮组中每个按钮的 Caption 属性值分别设为半角的 0～9、＋、－、＊、/符号以及平方、开方、计算和清空文字。

【设计】

(1) 在命令窗口中执行：

`Create Form EXE8_1`

(2) 在表单中添加文本框 Text1 和命令按钮组 Commandgroup1 控件，表单的

Caption 属性值为：计算器;命令按钮组的 ButtonCount 属性值为：19, Value 属性值为：无。其他属性值为默认,表单如图 8.1 所示。

(3) 在代码编辑器中,选择"对象"为 Commandgroup1,"过程"为 Click,编写如下代码:

图 8.1　计算器

```
X=This.Value
Z=ThisForm.Text1.Value
Do Case
Case X $ '0123456789.+- * /'
    Y=thisform.text1.SelStart
                                && 将 text1 中插入点位置存入变量 Y
    ThisForm.Text1.Value=Left(Z,Y)+X+SubStr(Z,Y+1)
                            && 将字符放入 text1 的插入点
    thisform.text1.SelStart=Y+1          && 设置 text1 中的插入点位置
    ThisForm.Text1.SetFocus              && 使 text1 得到焦点
Case X='平方'
    ThisForm.Text1.Value="("+AllTrim(Z)+")^2"     && 生成平方表达式
Case X='开方'
    ThisForm.Text1.Value="Sqrt("+AllTrim(Z)+")"   && 生成开方表达式
Case X='清空'
    ThisForm.Text1.Value=""                && 清空 Text1 中的数据
OtherWise                                  && 开始计算表达式的值
    S=ThisForm.Text1.Value
    IF Type("&S")='N'                      && 判断是否构成数值表达式
      S=&S                    && 是数值表达式,用宏替换计算出值存于 S
      If S-Int(S)>0                        && 判断是否有小数部分
        ThisForm.Text1.Value=LTrim(Str(S,15,2))   && 有小数部分,保留 2 位
      Else
        ThisForm.Text1.Value=LTrim(Str(S,15))     && 无小数部分,取整数
      Endif
      thisform.text1.SelStart=Len(AllTrim(ThisForm.Text1.Value))
                                           && 设置插入点位置
      ThisForm.Text1.SetFocus              && 使 text1 得到焦点
    Else
    MessageBox("表达式拼写错误!")
    EndIf
EndCase
```

2. 分析与设计

【分析】　需要在表单的"最高分学生信息"和"课程最高分情况"按钮的 Click 事件编写 SQL-Select 完成数据查询操作。由于查询"最高分学生信息"时,要考虑课程最高分与学生的对应关系,因此,不能用简单的分组或 Max 实现,比较理想的方法是通过嵌套的

SQL-Select 实现。

【设计】

（1）在命令窗口中执行：

Create Form EXE8_2

（2）在表单中添加 3 个命令按钮如图 8.2 所示

（3）双击"最高分学生信息"按钮，在代码编辑器中选择"过程"为 Click，编写如下代码：

```
Select XSB.学号,姓名,课程名,;
    考试成绩+课堂成绩+实验成绩 As 最高分;
    From XSB Join CJBAsK Join KCB;
    On K.课程码=KCB.课程码 On XSB.学号=K.学号;
    Where 考试成绩+课堂成绩+实验成绩=(;
        Select Max(考试成绩+课堂成绩+实验成绩) From CJB As L;
            Where K.课程码=L.课程码)
```

（4）选择"对象"为 Command2，"过程"为 Click，编写如下代码：

```
Select 课程名,Max(考试成绩+课堂成绩+实验成绩)As 最高分;
    From KCB Join CJB ON KCB.课程码=CJB.课程码;
    Group By KCB.课程名
```

（5）选择"对象"为 Command3，"过程"为 Click，编写如下代码：

```
ThisForm.Release
```

图 8.2　最高分情况

图 8.3　统计选课人数

3. 分析与设计

【分析】　根据题意，要求将对表统计的结果显示于文本框上，此类问题通过 SQL－Select 语句与数组结合实现比较简便。

【设计】

（1）在命令窗口中执行：

Create Form EXE8_3

（2）在表单中添加控件如图 8.3 所示。

（3）双击"查询"按钮，在代码编辑器中选择"过程"为 Click，编写如下代码：

```
X=AllTrim(ThisForm.Text1.Value)                    && 课程码存于变量 X 中
Select Count(*)From CJB Where 课程码=X Into Array Temp
ThisForm.Text2.Value=Temp
```

（4）选择"对象"为 Command2（"清空"按钮），"过程"为 Click，编写如下代码：

```
ThisForm.Text1.Value=''
ThisForm.Text2.Value=''
ThisForm.Text1.SetFocus                    && 光标焦点移到 Text1 上
```

（5）选择"对象"为 Command3（"退出"按钮），"过程"为 Click，编写如下代码：

```
ThisForm.Release
```

4. 分析与设计

【分析】 本题依据"学院名"和"课程名"复选框的不同选定状态，产生满足不同条件的文件。可在"生成表"按钮的 Click 事件中，通过 Do Case-EndCase 分支结构实现本题的要求。

【设计】

（1）在命令窗口中执行：

```
Create Form EXE8_4
```

图 8.4　学院-课程查询

（2）在表单中添加如图 8.4 所示的控件。

（3）双击"生成表"按钮，在代码编辑器中选择"过程"为 Click，编写如下代码：

```
If ThisForm.OptionGroup1.Value=1
    PX='Order By XSB.学号'
Else
    PX='Order By XSB.学号 Desc'
EndIf
Do Case
    Case ThisForm.Check1.Value=1 And ThisForm.Check2.Value=1
        Select XSB.学号,姓名,学院名,课程名 From XSB,CJB,KCB,XYB;
            Where XSB.学号=CJB.学号 And KCB.课程码=CJB.课程码;
            And Left(XSB.学号,2)=学院码 &PX Into Table A1
    Case ThisForm.Check1.Value=1
        Select 学号,姓名,学院名 From XSB Inner Join XYB;
            On Left(学号,2)=学院码 &PX Into Table A2
    Case ThisForm.Check2.Value=1
        Select XSB.学号,姓名,课程名 From XSB Inner Join CJB;
            Inner Join KCB On KCB.课程码=CJB.课程码;
            On XSB.学号=CJB.学号 &PX Into Table A3
    OtherWise
        Select 学号,姓名 From XSB &PX To File A4
EndCase
```

Visual FoxPro 数据库及面向对象程序设计基础实验指导及习题解答

(4)选择"对象"为 Command2("退出"按钮),"过程"为 Click,编写如下代码:

```
ThisForm.Release
```

5. 分析与设计

【分析】 在设计表单时,需要设置组合框 Combo1 和列表框 List1 的 RowSourceType 属性,在相关的事件中编写程序代码。

【设计】

(1)在命令窗口中执行:

```
Create Form EXE8_5
```

(2)在表单中添加控件,设置 Combo1 的属性 RowSourceType 值为:"7—文件", RowSource 值为：＊.DBF；Style 值为"2：—下拉列表框"; List1 的属性 RowSourceType 值为:"8—结构"。其他控件的属性如图 8.5 所示或使用默认值。

(3)在代码编辑器中,选择"对象"为 Combo1,"过程"为 InterActiveChange,编写如下代码:

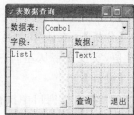

```
Close All
X=This.Value                     && 数据表文件名存于变量 X 中
Use &X
ThisForm.List1.RowSource=X   && 数据表文件名作为列表框的数据源
ThisForm.Text1.Value=''      && 清空文本框
```

图 8.5　表数据查询

(4)选择"对象"为 List1,"过程"为 InteractiveChange,输入如下代码:

```
X=This.Value
Do Case
Case Type("&X")='C'
    ThisForm.Text1.Value=''
Case Type("&X")='N'
    ThisForm.Text1.Value=0
Case Type("&X")='D'
    ThisForm.Text1.Value={ }
Case Type("&X")='L'
    ThisForm.Text1.Value=.T.
Otherwise
    MessageBox('只能查询字符型、数值型、日期型和逻辑型数据!')
    Return
EndCase
ThisForm.Text1.SetFocus
```

(5)选择"对象"为 Command1,"过程"为 Click,编写如下代码:

```
X=ThisForm.List1.Value
```

```
Y=ThisForm.Combo1.Value
Do Case
Case Type("&X")='C' And File(Y)
    Select * From &Y Where &X=AllTrim(ThisForm.Text1.Value)
Case Type("&X")$'DLN' And File(Y)
    Select * From &Y Where &X=ThisForm.Text1.Value
Otherwise
    MessageBox('非字符、数值、日期、逻辑型数据或表不存在!')
EndCase
```

（6）选择"对象"为 Command2，"过程"为 Click，编写如下代码：

```
ThisForm.Release
```

6. 分析与设计

【分析】 在表单上通过标签显示：欢迎使用本系统，用计时器定时改变标签的 Left 属性值，实现文字从左向右移动的效果。

【设计】

（1）在命令窗口中执行：

```
Create Form EXE8_6
```

（2）在表单中添加控件，设置标签 Label1 的 AutoSize 属性值为 .T.，其他控件的属性值如图 8.6 所示或使用默认值。

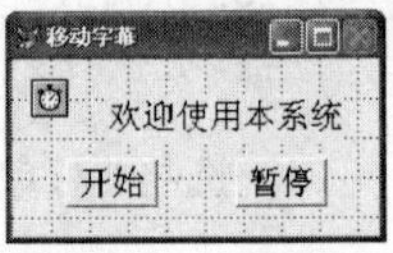

（3）在代码编辑器中选择"对象"为 Command1（"开始"按钮），"过程"为 Click，编写如下代码：

```
ThisForm.Timer1.Interval=100
        && 使计时器有效，每隔 100 毫秒即移动一次文字
```

图 8.6 "移动字幕"表单

（4）在代码编辑器中选择"对象"为 Command2（"暂停"按钮），"过程"为 Click，编写如下代码：

```
ThisForm.Timer1.Interval=0  && 暂停移动文字
```

（5）在代码编辑器中，选择"对象"为 Timer1，"过程"为 Timer，编写如下代码：

```
If ThisForm.Label1.Left<ThisForm.Width              && 判断文字是否在窗口内显示
ThisForm.Label1.Left=ThisForm.Label1.Left+10        && 文字向右移动 10 个单位
Else
ThisForm.Label1.Left=-ThisForm.Label1.Width         && 文字隐藏在窗口的左边
EndIf
```

7. 分析与设计

【分析】 在设计表单时，需要在组合框 Combo1 和 Combo2 的 InteractiveChange 事件中用 SQL-Select 语句修改表格 Grid1 的数据源，在"保存"按钮的 Click 事件中执行 SQL-Select 语句提取与 Grid1 中相同的数据，输出去向为：<学院名>_<课程名>.DBF。

【设计】

（1）在命令窗口中执行：

```
Create Form EXE8_7
```

（2）从表单的右击菜单中选择"数据环境"，向数据环境中添加表 XYB 和 KCB。

（3）在表单中添加控件，设置组合框 Combo1 的属性 RowSourceType 值为："8—字段"，RowSource 值为：学院码＋学院名，Style 值为："2—下拉列表框"；设置组合框 Combo2 的属性 RowSourceType 值为："8—字段"，RowSource 值为：课程码＋课程名，Style 值为："2—下拉列表框"；设置表格 Grid1 的 RecordSourceType 值为："4—SQL 说明"。其他控件的属性如图 8.7 所示或使用默认值。

图 8.7 "成绩查询"表单

（4）在代码编辑器中，分别选择"对象"为 Combo1 和 Combo2，"过程"为 InterActiveChange，编写代码均为：

```
Do EXE8_7
```

（5）分别选择"对象"为 Command1，"过程"为 Click，编写如下代码为：

```
YM=Left(ThisForm.Combo1.Value,2)
KM=Left(ThisForm.Combo2.Value,6)
X=AllTrim(Substr(ThisForm.Combo1.Value,3))+;
      "_"+AllTrim(Substr(ThisForm.Combo2.Value,7))
Select XSB.学号,姓名,考试成绩+课堂成绩+实验成绩 As 总分 From XSB,CJB;
      Where XSB.学号=CJB.学号 And Left(XSB.学号,2)=YM And 课程码=KM;
      Order By 3 DESC Into Table &X
MessageBox("已保存表"+X)
```

（6）选择"对象"为 Command2，"过程"为 Click，编写如下代码：

```
ThisForm.Release
```

（7）在命令窗口中执行：

```
Modify Command EXE8_7                          && 建立 EXE8_7.PRG 程序文件
```

（8）在程序设计器中编写程序代码为：

```
YM=Left(EXE8_7.Combo1.Value,2)                 && 取学院码存于内存变量 YM
KM=Left(EXE8_7.Combo2.Value,6)                 && 取课程码存于内存变量 KM
EXE8_7.Grid1.RecordSource="Select XSB.学号,姓名,;
    考试成绩+课堂成绩+实验成绩 As 总分 From XSB,CJB;
    Where XSB.学号=CJB.学号 And Left(XSB.学号,2)=YM And 课程码=KM;
    Order By 3 DESC Into Cursor TM"             && 修改表格.Grid1 的数据源
```

习 题 九

一、用适当的内容填空(答案)

1. ① 条形　　　② 弹出式
2. ① 弹出式　　② 过程
3. _Msysmenu
4. ① Save　　　② To Default
5. MY. MPR
6. ① 菜单名称　② \－
7. ① 选项　　　② 跳过
8. ① 插入　　　② 插入栏
9. ① Ctrl＋S　　② Ctrl＋W
10. ① 生成　　　② My. MPR
11. ① 过程　　　② 命令　　　③ 过程
12. ① 显示　　　② 常规选项
13. ① 逻辑值　　② .F.　　　③ .T.
14. ① 菜单名称　② \<　　　③ 选项　　　④ Ctrl　　⑤ Alt
15. ① 设置　　　② 清理　　　③ 过程
16. ① 常规选项　② 顶层表单　③ ShowWindow　　④ 2
　　⑤ Destroy　　⑥ Release Menus　　⑦ Release Popups
17. ① RightClick　② Do RTM. MPR　　③ Destroy　　④ 清理
　　⑤ Release Popups

二、从参考答案中选择一个最佳答案

1. D　　2. D　　3. B　　4. B　　5. ① C　② E　　6. B　　7. C　　8. B
9. D　　10. A　　11. B　　12. B　　13. C　　14. C　　15. B　　16. A　　17. C
18. C　　19. A　　20. D　　21. D　　22. B　　23. B　　24. D　　25. A　　26. C
27. D　　28. A　　29. B

三、从参考答案中选择全部正确的答案

1. AC　　2. ADE　　3. ABD　　4. BE　　5. ① ABC　② AB　　6. ABD
7. AB　　8. CD　　9. BC　　10. BC　　11. BF　　12. ACF　　13. BD
14. AC　　15. DE　　16. AD　　17. BE　　18. BE　　19. BCE　　20. ABE
21. CE　　22. AE　　23. CD

四、菜单设计题

1. 分析与设计

【分析】 应用程序菜单是在 VFP 系统菜单中显示的菜单,对借阅管理中的借阅查询菜单项需要建立表单,以便输入借书证号。

【设计】

(1) 新建菜单设计文件,在命令窗口中执行:

```
Create Menu EXE9_1
```

(2) 在菜单设计器中,设计条形菜单如图 9.1 所示。

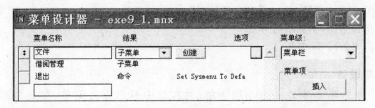

图 9.1　条形菜单

(3) 在图 9.1 中,单击"文件"菜单行的"创建"按钮,由"插入栏"按钮分别建立"打开文件"和"关闭"两个菜单项,设计文件弹出菜单如图 9.2 所示。

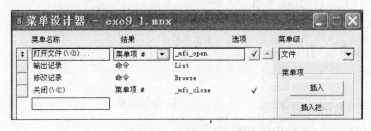

图 9.2　文件弹出菜单

(4) 在图 9.1 中,单击"借阅管理"菜单行的"创建"按钮,设计文件弹出菜单如图 9.3 所示。

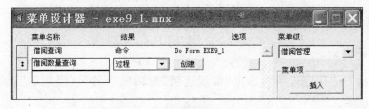

图 9.3　借阅管理弹出菜单

(5) 在"借阅数量查询"的"过程"编辑器中,输入下列代码:

```
Select JYB.借书证号,姓名,Count(*) as 借阅数量,学院名称,联系电话;
    From JYB,RYZLB,XYB;
    Where JYB.借书证号=RYZLB.借书证号 And 所在学院=学院编码;
```

Group By JYB.借书证号;

Order By 借阅数量 DESC

（6）新建表单文件，在命令窗口中执行：

图 9.4　"借阅查询"表单

Create Form EXE9_1

在表单中添加文本框 Text1 和命令按钮 Command1，如图 9.4 所示。并在"查询"按钮的 Click 事件下编写代码如下：

Select JYB.借书证号,姓名,学院名称,联系电话,书名,著者,借阅日期;

　　From JYB,RYZLB,TS,XYB;

　　Where RYZLB.借书证号=AllTrim(ThisForm.Text1.Value) And;

　　　　JYB.借书证号=RYZLB.借书证号 And;

　　　　所在学院=学院编码 And;

　　　　图书条码号=条码号

2. 分析与设计

【分析】　此题需要建立一个顶层表单，并在其中显示窗口菜单；在某些菜单项中还要运行表单；在"退出"菜单项中执行关闭顶层表单的语句；在关闭顶层表单的事件中要执行释放各类菜单的语句。

【设计】

（1）新建表单文件，在命令窗口中执行：

Create Form EXE9_2

在表单的属性窗口中，设置 ShowWindow 属性的值为：2；在表单的事件 Init 中编写如下代码：

Do EXE9_2.MPR With This,"MN"　　　　　　　　&& 为条形菜单定义内部名 MN

在表单的 Destroy 事件中编写代码：

Release Menus MN　　　　　　　　　&& 释放条形菜单 MN

Release Popups　　　　　　　　　　&& 释放全部弹出式菜单

（2）新建菜单设计文件，在命令窗口中执行：

Create Menu EXE9_2

单击"显示"→"常规选项"，选定"常规选项"对话框中的"顶层表单"，添加条形菜单项，如图 9.5 所示。

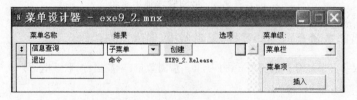

图 9.5　信息查询主菜单

Visual FoxPro 数据库及面向对象程序设计基础实验指导及习题解答

（3）单击"信息查询"菜单行的"创建"按钮，设计其子菜单，如图 9.6 所示。

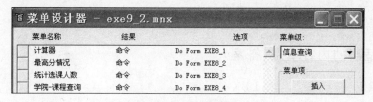

图 9.6　信息查询子菜单

习　题　十

一、用适当的内容填空（答案）

1. ① FRX　　　　　② LBX
2. ① 数据源　　　　② 布局　　　　③ 数据源　　　④ 当前工作区中的数据
   ⑤ 视图　　　　　⑥ 布局
3. ① 报表向导　　　② 报表设计器　③ 快速报表
4. ① 报表向导　　　② 快速报表
5. ① 列报表　　　　② 行报表　　　③ 一对多报表　④ 多栏报表
6. ① 页标头　　　　② 细节　　　　③ 页注脚　　　④ 组标头
   ⑤ 组注脚
7. ① 页标头　　　　② 标题文字或列名称
8. ① 细节　　　　　② 记录个数　　③ 分栏数　　　④ 字段布局
9. ① 页注脚　　　　② 页号　　　　③ 报表时间　　④ 制表人
10. Order
11. ① 表控件　　　　② 布局
12. ① 标签　　　　　② 域
13. ① Report Form　② To File ＜文件名＞ ASCII
14. ① 打印预览　　　② 显示
15. ① 标签区域的尺寸　② 数据的栏数

二、从参考答案中选择一个最佳答案

1. C　　2. B　　3. C　　4. A　　5. B　　6. B　　7. A　　8. C　　9. A
10. B　　11. C　　12. D　　13. C　　14. B　　15. C　　16. B

三、从参考答案中选择全部正确的答案

1. AB　　2. BC　　3. BCD　　4. ADE　　5. AD　　6. BD　　7. AD
8. BEF　　9. BE　　10. AC　　11. ACD　　12. ADF

四、报表设计题

1. 分析与设计

(1) 图书信息报表用于输出图书基本资料，数据来源于图书表 TSB，故可以用"报表

向导"或"快速报表"设计。图 10.1 是用"报表向导"建立的账务式、列布局的报表。报表文件名为：EXE10_4_1_1。

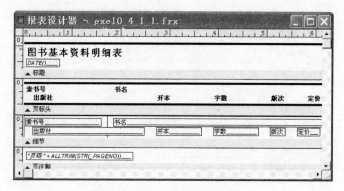

图 10.1　图书信息报表

（2）在输出借阅人员信息报表时，要输出学院名称，故报表需要人员资料表（RYZLB）和学院表（XYB）中的内容。

本报表可以直接用一对多报表向导设计，学院表为父表，并选定"学院名称"字段；人员资料表为子表，并依次选定姓名、性别、证件号码、借书证号及联系电话字段，以学院表中的学院编码和人员资料表中的所在学院为关联字段。设计的报表如图 10.2 所示。报表文件名为 EXE10_4_1_2。

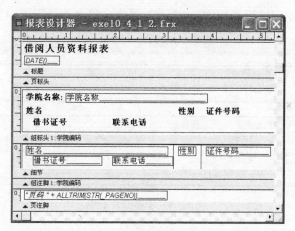

图 10.2　借阅人员资料报表

（3）逾期图书及所借阅人员报表需要借阅表（JYB）、图书表（TSB）、人员资料表（RYZLB）及学院表（XYB），故需要在报表设计器中设计。

首先在报表的数据环境中添加上述 4 个表，随后选择"报表"→"数据分组"，添加学院名称和借书证号两个分组，在学院名称的组标头中放置学院名称字段；在借书证号组中放置借书证号和姓名字段；在这两个字段下方添加分割线；分割线下再添加 3 个标签控件，依次输入书名、借阅日期和还期。最后在细节带区中添加书名和借阅日期字段，在借阅日期字段后添加域控件,其内容为:借阅日期+借阅天数。设计的报表如图10.3所示。报表文件名为EXE10_4_1_3。

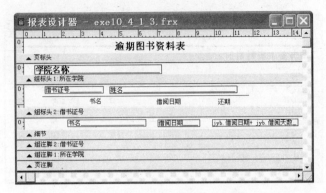

图10.3 逾期图书资料信息报表

注意:本报表没有对图书借阅表中的图书记录进行限制,直接预览或打印报表时,将输出借阅表中的全部图书记录。在输出报表时,需要在Report Form语句中加短语:For借阅日期+借阅天数<Date()。

2. 分析与设计

(1) 库存商品信息报表用于输出商品表中库存数量大于0的记录,数据源于SPB,故可以用"报表向导"选择商品编码、商品名称、规格、单位、销售价及库存数量字段,对向导建立的报表布局简单调整后如图10.4所示。报表文件名为:EXE10_4_2_1。

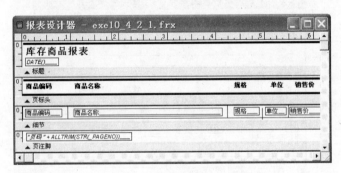

图10.4 库存商品报表

在输出报表时,需要在Report Form语句中加短语:For库存数量>0。

(2) 日销售商品信息报表用于统计商品某一天的销售情况,日期可以在报表的预览或打印条件中设置,故只需统计商品的销售数量。

在报表设计器中,依次将商品销售表(SPXSB)和商品表(SPB)添加到数据环境中;选择"报表"→"数据分组",将商品编码字段作为分组条件;在商品编码的组注脚带区中加入商品编码、商品名称和单位字段,用域控件选择销售数量字段,并选定计算功能中的"总和"。在页标头带区中对应位置添加标签控件并输入对应的名称;选择"报表"→"标题/总结",添加报表的标题带区并添加对应控件,日期显示为域控件,表达式为:Date()。设计

Visual FoxPro数据库及面向对象程序设计基础实验指导及习题解答

的统计表如图 10.5 所示。报表文件名为 EXE10_4_2_2。

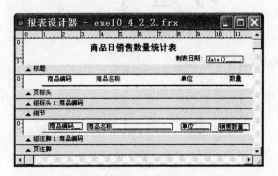

图 10.5 商品日销售统计报表

习 题 十 一

一、用适当的内容填空(答案)

1. ① 数据共享　　② 数据访问冲突　　③ 共享　　　　④ 锁机制
2. ① 数据库或 DBC　② 表或 DBF　③ 索引或 CDX 和 IDX　④ 备注或 FPT
3. ① 文件锁　　　② 记录锁　　③ 锁定　　　④ 释放锁
4. ① On　　　　　② 1 号　　　③ 1 个　　④ 3 个

二、从参考答案中选择一个最佳答案

1. C　2. A　3. D　4. B　5. D　6. B　7. B　8. B　9. A
10. C　11. A　12. A　13. C

三、从参考答案中选择全部正确的答案

1. BE　　2. BDE　　3. CD　　4. AC　　5. AC　　6. DE　　7. ACDE
8. ACDE　9. AC　　10. BD　　11. BEF　　12. AD

四、程序填空题

1. 用适当内容填空

① On Error Do NETERR7 With Error()
② Exclusive　　③ Retry　　④ ERRN=108　　⑤ Retry

2. 用语句编号填空

① 1,4　　　② 1,2,5　　　③ 1

五、程序设计题

【分析】　在设计表单时,需要在组合框 Combo1 和 Combo2 的 InteractiveChange 事件中修改表格 Grid1 的数据源,在"保存"按钮的 Click 事件中执行 SQL-Select 语句提取与 Grid1 中相同的数据,输出去向为:＜学院名＞_＜民族名＞.TXT。

在其他用户独占打开表文件时,为了避免本表单出错或运行结果不正确,应该考虑重试打开表文件问题。

【设计】

(1) 在命令窗口中执行:

```
Create Form EXE11_5
```

(2) 将表单的 Caption 属性值设置为:学生查询,并添加相关控件。设置组合框

Combo1 的属性 RowSourceType 值为："8—字段"，RowSource 值为：学院码＋学院名，

Style 值为："2—下拉列表框"；设置组合框 Combo2 的属

性 RowSourceType 值为："8—字段"，RowSource 值为：

民族码＋民族名，Style 值为："2—下拉列表框"。其他控

件及其属性如图 11.1 所示或使用系统默认值。

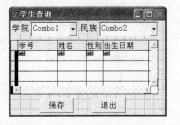

图 11.1 "学生查询"表单

（3）在命令窗口中执行：

```
Modify Command EXE11_5_3
```

（4）在程序设计器中编写程序代码为：

```
YM=Left(EXE11_5.Combo1.Value,2)                    && 取学院码存于内存变量 YM
MZM=Left(EXE11_5.Combo2.Value,2)                   && 取民族码存于内存变量 MZM
Select 学号,姓名,IIf(性别码='1','男','女') As 性别,出生日期 From XSB;
    Where Left(学号,2)=YM And 民族码=MZM;
    Order By 4 DESC Into Cursor TM
EXE11_5.Grid1.RecordSource="TM"                    && 修改表格.Grid1 的数据源
```

（5）双击表单，在代码编辑器中，分别选择"对象"为 Combo1 和 Combo2，"过程"为 InterActiveChange，编写代码均为：

```
Do EXE11_5_3
```

（6）分别选择"对象"为 Command1，"过程"为 Click，编写如下代码为：

```
X=AllTrim(Substr(ThisForm.Combo1.Value,3))+;
    "_"+AllTrim(Substr(ThisForm.Combo2.Value,3))
YM=Left(EXE11_5.Combo1.Value,2)                    && 取学院码存于内存变量 YM
MZM=Left(EXE11_5.Combo2.Value,2)                   && 取民族码存于内存变量 MZM
Select 学号,姓名,IIf(性别码='1','男','女')As 性别,出生日期 From XSB;
    Where Left(学号,2)=YM And 民族码=MZM;
    Order By 4 DESC To File &X                      && 生成文本文件
ThisForm.Cls                                        && 擦除表单上输出的信息
```

（7）选择"对象"为 Command2，"过程"为 Click，编写如下代码：

```
ThisForm.Release
```

（8）选择"对象"为 Form1，"过程"为 Destroy，编写如下代码：

```
On Error                          && 恢复系统出错处理方式
Close All
```

（9）在命令窗口中执行：

```
Modify Command EXE11_5
```

（10）在程序设计器中编写程序代码为：

```
Public EXE11_5
```

```
Set Century On
Set Date ANSI                          && 设置日期格式为：年.月.日
Set Exclusive Off                      && 以共享方式打开数据库和表
On Error Do ER11_5 With Error()            && 设置出错陷阱程序
Use XYB In 0
Use MZB In 0
DO Form EXE11_5


* 出错处理子程序
Procedure ER11_5
LParameters ERRCODE
* ERRCODE：错误类型编号
If ERRCODE=1705                        && 执行 Use、Select 时，表文件被其他用户占用
    MessageBox([ 文件被其他用户占用,"确定"后再试!])
    Retry                              && 返回到出错语句,再尝试打开文件
EndIf
```

(11) 在命令窗口中执行：

```
Do EXE11_5
```

习题十二

一、用适当的内容填空(答案)

1. ① 可执行程序(EXE)   ② 应用程序(APP)

2. ① 应用程序对象   ② 属性

3. ① Application   ② Caption   ③ 不可见或隐藏

4. ① Read Events   ② Clear Events   ③ 关闭或退出

    ④ Destroy   ⑤ Unload

5. ① Read Events   ② Quit   ③ Cancel

6. ① 程序   ② 数据

7. ① 数据库   ② 表   ③ 视图   ④ 索引或备注文件

8. ① 主文件   ② 程序   ③ 菜单程序   ④ 表单

9. ① 连编   ② VFP6R. DLL   ③ VFP6RCHS. DLL

10. ① 连编应用程序   ② 连编可执行文件

11. ① 工具   ② 向导   ③ 安装

12. ① 可执行程序   ② 数据库   ③ 表   ④ 索引

    ⑤ 资源   ⑥ 系统配置

13. Visual FoxPro 运行时刻

14. ① 改变文件位置   ② 程序管理器项   ③ 说明   ④ 命令行   ⑤ 图标

二、从参考答案中选择一个最佳答案

1. C   2. B   3. D   4. C   5. B   6. B   7. B   8. C

9. ① B   ② C   10. B   11. C

三、从参考答案中选择全部正确的答案

1. AD   2. BDE   3. AD   4. ABE   5. ACD   6. CD   7. AD   8. AC

四、设计题

1. 分析与设计

【分析】 用自定义的表单作为应用程序的主界面,需要隐藏应用程序对象;调用主界面表单后,需要执行 Read Events 语句,以便用户能够正常操作表单;在关闭主表单的事件中,需要执行 Clear Events 语句。

【设计】

(1) 在命令窗口中执行命令：

```
Create Project EXE12_1                    && 创建并打开项目文件 EXE12_1
```

(2) 在项目管理器中建立表单文件 MFORM. SCX，并将其 ShowWindow 属性值设为：2-作为顶层表单。在表单的 Destroy 事件中编写如下代码：

```
Clear Events
```

(3) 在项目管理器中建立程序文件 M12_1. PRG，并设置为主文件，其代码如下：

```
Set Escape Off
Application.Visible= .F.              && 隐藏应用程序对象
Do Form MFORM
Read Events
Quit
```

(4) 在项目管理器中，单击"连编"按钮；在"连编选项"对话框中选定"连编可执行文件"；在"选项"中选定"重新编译全部文件"；单击"确定"按钮生成可执行程序文件 EXE12_1. EXE。

2. 分析与设计

【分析】 要在应用程序对象（Application）窗口显示应用程序菜单，不能隐藏应用程序对象窗口；应用程序菜单 MENU_EXA9 中的"退出"菜单项的功能是恢复（Set Sysmenu To Default）系统菜单，不能关闭应用程序对象窗口，因此，需要在主程序中设置 On ShutDown 语句关闭应用程序对象窗口。

【设计】

(1) 在命令窗口中执行命令：

```
Create Project EXE12_2              && 创建并打开项目文件 EXE12_2
```

(2) 在项目管理器中建立程序文件 M12_2. PRG，并将其设置为主文件，其代码如下：

```
Set SysMenu Off
Set Exclusive On                    && 设置文件打开方式为独占，以便修改表结构
On ShutDown Quit                    && 单击应用程序对象窗口的"关闭"按钮时，退出应用程序
Application.Visible= .T.            && 显示应用程序对象窗口
Application.Caption= "数据表操作"
Do MENU_EXA9.MPR
Read Events
```

(3) 在项目管理器中，单击"连编"按钮；在"连编选项"对话框中选定"连编可执行文件"；在"选项"中选定"重新编译全部文件"；单击"确定"按钮生成可执行程序文件 EXE12_2. EXE。

常用数值运算及数值函数

运算符及函数格式	功能及说明	应用示例
＜N 式 1＞＋＜N 式 2＞	加法运算	5＋3.14 值为：8.14
＜N 式 1＞－＜N 式 2＞	减法运算	5－3.14 值为：1.86
－＜N 式＞	取负运算	－(5－3.14)值为：－1.86
＜N 式 1＞＊＜N 式 2＞	乘法运算	5＊4 值为：20
＜N 式 1＞/＜N 式 2＞	除法运算	5/4 值为：1.25
＜N 式 1＞％＜N 式 2＞	求余数运算	10％4 值为：2
＜N 式 1＞＊＊＜N 式 2＞或 ＜N 式 1＞^＜N 式 2＞	幂运算	－3＊＊2 或－3^2 值均为：9
＜D 式 1＞－＜D 式 2＞	两个日期间相差的天数	{^2019-10-1}－{^1949-10-1} 值为：25567
Abs(＜N 式＞)	N 式值的绝对值	Abs(－3)值为：3
Asc(＜C 式＞)	C 式值首字符 ASCII 码值	Asc("English Abc")值为：69
At(＜C 式 1＞,＜C 式 2＞[,＜N 式＞])	C 式 1 的值在 C 式 2 值中第 n 出现的开始位置	AT('AA','cadAARA',2)值为：0
Ceiling(＜N 式＞)	大于或等于 N 式值的最小整数	Ceiling(2.8)值为：3
Day(＜D 式＞)	D 式值中的日数	Day({^2049/10/1})值为：1
Dow(＜D 式＞)	D 式值对应的星期几	Dow({^2049/10/1})值为：6
Error()	出错的系统类型编号	[出错号：]＋Str(Error())
Exp(＜N 式＞)	若 N 式的值为 x，则函数值是 e^x	Exp(2)值为：7.39
Floor(＜N 式＞)	小于或等于 N 式值的最大整数	Floor(2.8)值为：2
Hour(＜T 式＞)	T 式值中的时数	Hour({^2049-1-1 3:1:5 p})值为：15
Iif(＜L 式＞,＜N 式 1＞,＜N 式 2＞)	若 L 式值为.T.，则取 N 式 1 的值；否则，取 N 式 2 的值	Iif(成绩>0,成绩,0)

运算符及函数格式	功能及说明	应 用 示 例
Int(＜N 式＞)	N 式值的整数部分	Int(2.8)值为：2
Len(＜C 式＞)	C 式值中所含字符的个数	Len("学＿VFP6.0")值为：9
LineNo()	出错语句在其程序中的行号	[出错行：]＋Str(LineNo())
Log(＜N 式＞)	以 e 为底数，N 式值的对数	Log(Exp(2))值为：2
Max(＜N 式＞)	所有 N 式值的最大数	Max(8,0,－10)值为：8
MessageBox(＜C 式 1＞[,＜N 式＞[,＜C 式 2＞]])	用户选择按钮对应的编号	Messagebox("OK")值为：1
Min(＜N 式＞)	所有 N 式值的最小数	Min(8,0,－10)值为：－10
Minute(＜T 式＞)	T 式值中的分钟数	Minu({^2049-1-1 3:1:5 p})值为：1
Mod(＜N 式 1＞,＜N 式 2＞)	N 式 1 除以 N 式 2 的余数	Mod(8,3)值为：2
Month(＜D 式＞)	D 式值中的月份值	Month({^2011-10-01})值为：10
Occurs(＜C 式 1＞,＜C 式 2＞)	C 式 1 的值在 C 式 2 值中出现的次数	Occurs('ab','cabdabe')值为：2
RecCount([工作区号|表别名])	指定工作区中的记录总数	RecCount()
RecNo([＜工作区号|表别名＞])	指定工作区中的当前记录号	RecNo()
Round(＜N 式 1＞,＜N 式 2＞)	N 式 1 的值在指定位置上四舍五入后的值	Round(2.56,1)值为：2.6
Sec(＜T 式＞)	T 式值中的秒数	Sec({^2049-1-1 3:1:5 p})值为：5
Sign(＜N 式＞)	N 式值的符号(－1、0 或 1)	Sign(－8)值为：－1
Sqrt(＜N 式＞)	N 式值的算术平方根	Sqrt(16)值为：4
Val(＜C 式＞)	C 式值转成数值型数据	Val("1.2E1")值为：12
Year(＜D 式＞)	D 式值中的年份数(4 位)	Year({^2011-10-1})值为：2011

常用字符运算及字符值函数

运算符及函数格式	功能及说明	应 用 示 例
<C 式 1>+<C 式 2>	连接运算	'A ⌴B ⌴⌴'+'12'值为： A ⌴B ⌴⌴12
<C 式 1>−<C 式 2>	移尾部空格连接运算	'A ⌴B ⌴⌴'−'12'值为： A ⌴B12 ⌴⌴
AllTrim(<C 式>)	去掉 C 式值的两端空格	AllTrim('⌴⌴A ⌴B ⌴')值为： A ⌴B
DBF([<工作区号>|<表别名>])	工作区中打开的表路径及文件名	Set Default To D:\ XSXX Use XSB In 1 DBF(1)值为： D:\XSXX\XSB. DBF
Dtoc(<D 式>)	D 式的值转成字符型数据	'今天：'+Dtoc(Date())
Iif(<L 式>,<C 式 1>,<C 式 2>)	若 L 式值为.T.，则取 C 式 1 的值；否则，取 C 式 2 的值	Iif(性别码='1','男','女')
Left(<C 式>,<N 式>)	从 C 式值左端取 n 个字符	Left([中国],2)值为：中
Lower(<C 式>)	C 式值中大写字母变小写	Lower("英 2B")值为：英 2b
LTrim(<C 式>)	去掉 C 式值的左部空格	LTrim('⌴⌴A ⌴B ⌴')值为： A ⌴B ⌴
Max(<C 式>)	所有 C 式值的最大者	Max('啊','zZ','99')值为：啊
Message()	出错文字描述信息	[错误：]+Message()
Message(1)	错误所在的语句	[语句：]+Message(1)
Min(<C 式>)	所有 C 式值的最小者	Min('啊','zZ','99')值为：99
Program()	出错的程序名	[程序名：]+Program()
Replicate(<C 式>,<N 式>)	将 C 式值重复连接 n 次	Replicate([-],3)值为：---
Right(<C 式>,<N 式>)	从 C 式值右端取 n 个字符	Right([中国],2)值为：国
RTrim(<C 式>)	去掉 C 式值的尾部空格	RTrim('⌴A ⌴B ⌴⌴')值为： ⌴A ⌴B
Space(N 式)	n 个空格	Space(2)值为：⌴⌴

运算符及函数格式	功能及说明	应 用 示 例
Str(<N 式>[,<长度>[,<小数位数>]])	N 式的值转成字符型数据	Str(3.146,5,2)值为：3.15
Stuff(<C 式 1>,<开始>,<长度>,<C 式 2>)	用 C 式 2 的值替换 C 式 1 值中的 n 个字符	Stuff('ABC',2,1,'XY')值为：AXYC
Substr(<C 式>,<开始>[,<长度>])	从 C 式值中取中间子串	Substr('中国奥运',3，4)值为：国奥
Time([<N 式>])	系统当前时间	'当前时间：'+Time(1)
Trim(<C 式>)	去掉 C 式值的尾部空格	Trim('␣A ␣B ␣␣')值为：␣A ␣B
Type('<表达式>')	表达式的数据类型符号	Vartype('123')值为：N
Upper(<C 式>)	C 式值中小写字母变大写	Upper("英 2b")值为：英 2B
VarType(<表达式>)	表达式的数据类型符号	Vartype('123')值为：C

常用日期运算及日期值函数

运算符及函数格式	功能及说明	应用示例
<D式>±<N式>	D式值 n 天前后的日期	{^1949-10-1}＋100 值为：1950-01-09 {^1949-10-1}－100 值为：1949-06-23
Ctod(<C式>)	C式值转成D型数据	Date()-Ctod('1949-10-01')建国后的天数
Date()	系统当前日期	Date()＋7：7 天后的日期
Iif(<L式>,<D式1>,<D式2>)	若 L 式值为. T. ,则取 D 式 1 的值;否则,取 D 式 2 的值	Iif(出生日期<Date(),出生日期, Ctod(" "))
Max(<D式>)	所有D式值的最大者	Max({^2011-10-1},{^1949-10-1},{^2049-10-1})值为：2049-10-1
Min(<D式>)	所有D式值的最小者	Min({^2011-10-1},{^1949-10-1},{^2049-10-1})值为：1949-10-1

附录 D

常用关系、逻辑运算及逻辑值函数

运算符及函数格式	功能及说明	应用示例
<式1> > <式2>	式1的值大于式2的值	3>5 值为:. F.
<式1> < <式2>	式1的值小于式2的值	3< 5 值为:. T.
<式1> >= <式2>	式1的值大于或等于式2的值	'9'>='A' 值为:. F.
<式1> <= <式2>	式1的值小于或等于式2的值	'9'<='A' 值为:. T.
<式1> = <式2>	式1的值等于式2的值	'a'='A' 值为:. F.
<式1> == <式2>	式1的值精确等于式2的值	'刘晓明'=='刘' 值为:. F.
<式1> <> <式2> <式1> # <式2> <式1>! =<式2>	式1的值不等于式2的值	'a' # 'A' 值为:. T.
<C式1> $ <C式2>	C式1的值是C式2的值中子串	'晓' $ '刘晓明' 值为:. T.
. Not. <L式> Not<L式> ! <L式>	取L式值的相反值	! '晓' $ '刘晓明' 值为:. F.
<L式1>And<L式2> <L式1>. And. <L式2>	仅当L式1和L式2的值都为. T. 时,结果才为. T.	'刘' $ '刘晓明' And '名' $ '刘晓明' 值为:. F.
<L式1>Or<L式2> <L式1>. Or. <L式2>	仅当L式1和L式2的值都为. F. 时,结果才为. F.	'刘' $ '刘晓明' Or '名' $ '刘晓明' 值为:. T.
Between(<式1>,<式2>, <式3>)	式1值在式2和式3值之间	Between(8,0,10)值为:. T.
Bof([<工作区号|表别名>])	试图将指针移到首记录之前	Bof()
DBUsed(<C式>)	C式值为打开的数据库名	Open Database XSXX DBUsed('XSXX')值为:. T.
Deleted([<工作区>|<表别名>])	当前记录被逻辑删除	Deleted()
Empty(<表达式>)	表达式值为空值	Empty (Ctod ('2011. 13. 1 ')) 值为:. T.
Eof([<工作区号|表别名>])	指针在表结束记录上	Eof()

运算符及函数格式	功能及说明	应用示例
File(＜C式＞)	C式值为磁盘文件名	Save To D:\BL File('D:\BL. MEM')值为:. T.
FLock([＜区号|区名＞])	锁定表文件	FLock():锁当前表
Found([＜工作区号|表别名＞])	找到满足条件的记录	Found()
IsAlpha(＜C式＞)	C式值中首字符为英文字母	IsAlpha('A12')值为:. T.
IsDigit(＜C式＞)	C式值中首字符为数字	IsDigit('A12')值为:. F.
IsLower(＜C达式＞)	C式值中首字符为小写英文字母	IsLower('A12')值为:. F.
IsNull(＜表达式＞)	表达式值为. Null.	X=. Null. IsNull(X)值为:. T.
IsUpper(＜C式＞)	C式值中首字符是否为大写字母	IsUpper('A12')值为:. T.
Like(＜C式1＞,＜C式2＞)	若C式1与C式2的值相匹配,则值为. T.,否则值为. F.,C式1中含"＊"和"?"表示通配符号	Like('＊A＊','GCADER')值为:. T.
Lock([＜区号|区名＞])	锁指定工作区中的当前记录	Lock():锁当前工作区的当前记录
Lock(＜记录号串＞,＜区号|区名＞)	锁定指定工作区中的多个记录	Lock('3,5',1):锁定第1工作区中的两个记录
Max(＜L式＞)	所有L式值的最大者	Max(3＞5,3=5,3＜5)值为:. T.
Min(＜L式＞)	所有L式值的最小者	Min(3＞5,3=5,3＜5)值为:. F.
RLock([＜区号|区名＞])	锁指定工作区中的当前记录	RLock():锁当前工作区的当前记录
RLock(＜记录号串＞,＜区号|区名＞)	锁指定工作区中的多个记录	RLock('3,5',1):锁第1工作区中的两个记录
Used([＜工作区号＞|＜表别名＞])	工作区或表别名是否占用	Use CJB In 2 Used([CJB])值为:. T.

附录 E

SQL 语言专用运算及函数

运算符及函数格式	功能及说明	应用示例
<式 1>[Not]Between<式 2>And<式 3>	式 1 值在式 2 和式 3 值之间	考试成绩 Between 60 And 69
<式 1>[Not]In(<表达式表>)	式 1 值等于表达式表中某个表达式的值	民族码 In([01],[10],[02])
<字段名>Is[Not]Null	字段值为. Null.	学院地址 Is Null
<C 式 1>[Not]Like<C 式 2>	两个 C 式值匹配。C 式 2 值中可含"％"和下划线"_"表示通配符号	姓名 Like '李％' 或 姓名 Like '李__'
<表达式><比较运算>All(<子查询>)	表达式值与子查询结果中的每个值比较都成立	考试成绩>＝All(Select 考试成绩 From CJB)
<表达式><比较运算>Any(<子查询>)	表达式值与子查询结果中某(些)值比较成立	学号＝Any（Select 学号 From CJB Where 考试成绩<60)
[Not]Exists(<子查询>)	子查询结果中有数据	Exists(Select * From XSB Where 姓名＝K. 姓名 And 学号≠K. 学号)
<表达式><比较运算>Some(<子查询>)	同 Any	学号＝Some（Select 学号 From CJB Where 考试成绩<60)
AVG(<N 式>)	计算 N 式在相关记录上的平均值	AVG(课堂成绩)
Count(<参数>|＊)	统计数据行数	Count(＊)
Max(<N 式>)	计算 N 式在相关记录上的最大值	Max(考试成绩)
Min(<N 式>)	计算 N 式在相关记录上的最小值	Min(考试成绩)
Sum(<N 式>)	计算 N 式在相关记录上的累加和	Sum(考试成绩)

对象的常用属性

属性 名	数据类型	作用及说明	适用对象	设置
ActivePage	N	设置和存储当前活动的页号	页框	动态
Alignment	N	控件中显示信息的对齐方式。0(默认)为左对齐,1为右对齐,2为居中显示	标签、文本框、编辑框、组合框、复选框、选项按钮、列对象、列标题、微调器	动态
AllowTabs	L	在编辑框中,是否允许 Tab 键作为输入数据中的符号	编辑框	动态
AlwaysOnTop	L	是否总位于其他窗口之上	表单	动态
AutoCenter	L	初始是否居中显示	表单	动态
AutoSize	L	值为.T.时,控件区域随之内容多少及大小而变化;值为.F.时,区域由设计大小决定	标签、命令按钮(组)、复选框、选项按钮(组)、OLE 绑定型	动态
BackColor	N	背景颜色。由红绿蓝(RGB)三原色的组合	表单、标签、形状、命令按钮(组)、文本框、编辑框、复选框、选项按钮(组)、表格、列对象、列标题、页面、Container、微调器	动态
BackStyle	N	控件的背景形式 0 为透明,即背景为父对象的背景颜色;1 为不透明,背景颜色由控件自身的底色决定	标签、形状、图像、命令按钮组、文本框、编辑框、复选框、选项按钮(组)、页面、Container	动态
BorderColor	N	边框(线)颜色。由红绿蓝(RGB)三原色的组合	线条、形状、图像、命令按钮组、文本框、编辑框、列表框、组合框、选项按钮组、页框	动态
BorderStyle	N	边框样式。不同的数值表示不同的线,如单线、实线和虚线等。不同的控件差异较大	表单、标签、线条、形状、图像、命令按钮组、文本框、编辑框、组合框、选项按钮、微调器	动态
BorderWidth	N	边框(线)的宽度,值范围为 0～8192,0 为线条最细,数值越大,线条越宽	线条、形状、页框、Container	动态

属性名	数据类型	作用及说明	适用对象	设置
Bound	L	如果值为.T.,则列对象的 ControlSource 作用到列控件的 ControlSource;如果值为.F.,则使用各自的 ControlSource	列对象	动态
BoundColumn	N	指定 Value 属性取值的列号	列表框、组合框	动态
ButtonCount	N	组内按钮个数	命令按钮组、选项按钮组	动态
Cancel	L	按 Esc 键是否触发命令按钮的 Click 事件	命令按钮	动态
Caption	C	标题栏上的文字内容	表单、标签、命令按钮、复选框、选项按钮、列标题、页面	动态
Closable	L	关闭按钮是否可用,控制菜单中是否有"关闭"菜单项	表单	动态
ColumnCount	N	控件中数据的列数	列表框、组合框、表格	动态
ControlBox	L	是否有最小化、最大化和关闭按钮以及控制菜单	表单	动态
ControlSource	C	控件与数据源中的数据绑定时,设置字段或内存变量名	命令按钮组、文本框、编辑框、列表框、组合框、复选框、选项按钮(组)、列对象、微调器、OLE 绑定型	动态
CurrentControl	C	用于指定本列当前单元格数据的输入/输出控件名	列对象	动态
Curvature	N	形状的曲率,取值 0~99	形状	动态
Default	L	是否为表单的默认按钮	命令按钮	动态
DeleteMark	L	指定表格中是否显示删除标记列	表格	动态
Desktop	L	是否可显示在任何位置,.F. 表示仅在主窗口中显示	表单	静态
DisplayValue	N 或 C	当初值为数值型时,值为最近选定的数据行号;当初值为字符型(默认值)时,值为最近选定行的第一列数据	列表框、组合框	动态
DrawWidth	N	对表单执行 Line 或 Circle 方法程序画线的宽度	表单	动态
Enabled	L	是否可用(可操作)	表单、标签、线条、形状、图像、命令按钮(组)、文本框、编辑框、列表框、组合框、复选框、选项按钮(组)、表格、列对象、页框(面)、Container、计时器、微调器、OLE 绑定型	动态

属 性 名	数据类型	作用及说明	适用对象	设置
FillColor	N	绘制图形(如调用 Circle 方法程序)内填充的颜色。由红绿蓝(RGB)三原色的组合	表单、形状	动态
FillStyle	N	形状或表单中绘制(如调用 Circle 方法程序)图形内填充线的样式。0 为实线,1 为透明,……,7 为对角交叉线	表单、形状	动态
FontItalic	L	显示的文字是否斜体	表单、标签、命令按钮、文本框、编辑框、列表框、组合框、复选框、选项按钮、表格、列对象、列标题、页面、微调器	动态
FontName	C	显示信息的字体名	与 FontItalic 相同	动态
FontSize	N	显示信息的字号	与 FontItalic 相同	动态
FontUnderLine	L	显示的文字是否带下划线	与 FontItalic 相同	动态
ForeColor	N	显示文字的颜色。由红绿蓝(RGB)三原色组合	与 BackColor 相同	动态
GridLineColor:		表格中线的颜色	表格	动态
GridLines	N	表格中的线类型,如水平,垂直等	表格	动态
GridLineWidth	N	表格中线的宽度	表格	动态
HeaderHeight	N	表格中列标题行的高度	表格	动态
Height	N	高度,单位为像素点	表单、标签、线条、形状、图像、命令按钮(组)、文本框、编辑框、列表框、组合框、复选框、选项按钮(组)、表格、页框、Container、计时器、微调器、OLE 绑定型	动态
HideSelection	L	焦点离开控件时是否仍然显示选定文本的选定状态	文本框、编辑框、组合框、微调器	动态
Icon	C	控制菜单的图标文件名。默认图标是"狐狸头"	表单	动态
Increment	N	设置微调按钮输入数据时的增(减)量	微调器	动态
InputMask	C	输入数据的格式串,每个字符规定对应位的格式,串的长度规定输入数据的宽度	组合框、列对象、文本框、微调器	动态
Interval	N	触发 Timer 事件的时间间隔,单位是毫秒	计时器	动态

属性名	数据类型	作用及说明	适用对象	设置
KeyBoardLowValue	N	控制键盘输入数据的最小值	微调器	动态
KeyBoardHigh Value	N	控制键盘输入数据的最大值	微调器	动态
Left	N	左边开始位置,单位为像素点	与 Height 相同	动态
LineSlant	C	线的走向。\表示从左上角向右下角画线;/表示从右上角向左下角画线	线条	动态
List(＜行＞[,＜列＞])	C	控件中指定行和列中的数据	列表框、组合框	只读
ListCount	N	列表框或组合框中数据的行数	列表框、组合框	只读
MaxButton	L	最大化按钮是否可用,控制菜单中是否有"最大化"菜单项	表单	动态
MinButton	L	最小化按钮是否可用,控制菜单中是否有"最小化"菜单项	表单	动态
MouseIcon	C	当 MousePointer 值为 99 时,用 MouseIcon 指定鼠标指针文件名(CUR)	表单、标签、线条、形状、图像、命令按钮、命令按钮组、文本框、编辑框、列表框、组合框、复选框、选项按钮(组)、表格、页框、页面、Container、微调器、OLE 绑定型	
MousePointer	N	当鼠标移到对象上时,鼠标指针的形状,值为 0～14 或 99。值为 99 时,可由 MouseIcon 指定文件名(CUR)自定义鼠标指针	与 MouseIcon 相同	动态
Movable	L	是否可以移动位置	表单和列对象	动态
MultiSelect	L	是否允许同时选定多行	列表框	静态
Name	C	对象名称。系统默认值为:类名＜序号＞	所有对象	动态
PageCount	N	页框中包含的页数。系统默认值为 2,取值范围是 0～99	页框	动态
PassWordChar	C	输入密码时显示的字符	文本框	动态
Picture	C	对象中显示的图像文件名	表单、图像、命令按钮、复选框、选项按钮、页面、Container	动态
ReadOnly	L	是否允许用户输入控件中的数据。若 ReadOnly 为.F.,则允许输入	文本框、编辑框、组合框、复选框、表格、列对象、微调器	动态
RecordSource	C	与 RecordSourceType 对应的数据源	表格	动态
RecordSourceType	N	表格中数据源的类型。值范围为 0～4	表格	动态

属 性 名	数据类型	作用及说明	适用对象	设置
Resizable	L	在表单运行过程中,是否允许用户拖动列分隔线调整本列宽度	列对象	动态
RowHeight	N	表格中每个数据行的高度	表格	动态
RowSource	C	与 RowSourceType 对应的数据源	列表框、组合框	动态
RowSourceType	N	数据源类型	与 RowSource 相同	动态
ScrollBars	N	滚动条类型:0—无,1—水平,2—垂直,3—水平垂直	表单、编辑框、表格	动态
Selected(＜行＞)	L	控件中指定行是否被选定	列表框、组合框	只读
SelLength	N	选定数据中的字符个数	文本框、编辑框、组合框、微调器	只读
SelStart	N	获取控件中选定数据的开始位置。若没有选定文本,则值为插入点(光标)位置	与 SelLength 相同	只读
SelText	C	获取控件中选定的数据,若没有选定文本,则返回空串	与 SelLength 相同	只读
ShowTips	L	是否显示表单中对象的提示文字(ToolTipText 属性的值)	表单	动态
ShowWindow	N	表单的角色。0—在屏幕中,1—在顶层表单中,2—作为顶层表单	表单	静态
Sorted	L	数据行是否由小到大排序	列表框、组合框	动态
Sparse	L	用于说明 CurrentControl 指定的控件作用范围	列对象	动态
SpecialEffect	N	控件的显示效果	形状、命令按钮、命令按钮组、文本框、编辑框、列表框、组合框、复选框、选项按钮(组)、页框、Container、微调器	动态
SpinnerLowValue	N	微调按钮输入数据的最小值	微调器	动态
SpinnerHighValue	N	微调按钮输入数据的最大值	微调器	动态
Stretch	N	图像放入控件中的方式。0(默认)为剪裁;1为等比填充;2为变比填充	图像、OLE 绑定型	动态
Style	N	控件样式	命令按钮、文本框、组合框、复选框、选项按钮	动态
Tabs	L	页框中是否有选项卡	页框	动态
TabStretch	N	页面标题的排列方式	页框	动态
TabStyle	N	页面标题的对齐方式	页框	动态
TitleBar	N	是否打开(1)或关闭(0)表单的标题栏	表单	动态

属 性 名	数据类型	作用及说明	适用对象	设置
ToolTipText	C	控件的提示文字。在表单运行过程中,若表单的 ShowTips 为.T.,则鼠标移到控件上时,将显示该提示文字	标签、形状、图像、命令按钮、文本框、编辑框、列表框、组合框、复选框、选项按钮、表格、页面、微调器	动态
Top	N	顶端开始位置,单位为像素点	与 Height 相同	动态
Value	由初值类型确定	用户在控件上输入或选择的值	命令按钮组、文本框、编辑框、列表框、组合框、复选框、选项按钮(组)、表格、微调器、OLE 绑定型	动态
Visible	L	可见还是隐藏	表单、标签、线条、形状、图像、命令按钮(组)、文本框、编辑框、列表框、组合框、复选框、选项按钮(组)、表格、列对象、页框、Container、微调器、OLE 绑定型	动态
Width	N	宽度,单位为像素点	与 Height 相同	动态
WindowState	N	运行表单时的初始状态:0-普通,1-最小化,2-最大化	表单	动态
WindowType	N	表单的类型:0-无模式,1-模式	表单	动态

对象的常用事件

事件名	触发条件及说明	适 用 对 象
Activate	变为活动窗口(页面)时触发	表单、页面
Click	单击对象时触发。单击表单中的对象不会触发表单的 Click 事件,但单击其他容器中的控件时,如果被单击控件的 Click 事件下没有代码,则触发其父控件的 Click 事件。例如:单击命令按钮时,可能触发本按钮和其按钮组的 Click 事件	表单、标签、线条、形状、图像、命令按钮(组)、文本框、编辑框、列表框、组合框、复选框、选项按钮(组)、表格、列标题、页框(面)、Container、微调器
DblClick	双击对象时触发。对容器对象的影响同 Click 事件	表单、标签、线条、形状、图像、命令按钮组、文本框、编辑框、列表框、组合框、复选框、选项按钮(组)、表格、列标题、页框(面)、Container、微调器
Deactivate	变为非活动窗口(页面)时触发	表单、页面
Destroy	释放对象时触发。表单的 Destroy 事件发生在表单中控件的 Destroy 事件之前	与 Init 相同
DownClick	当单击减量按钮时触发	微调器
Error	在运行对象的方法程序或事件代码过程中,发生错误时触发	与 Init 相同
GotFocus	对象获得焦点时触发。表单变为活动窗口的同时获得焦点;当单击鼠标、按 Tab 键或程序中调用 SetFocus 方法程序时,将改变表单中的控件焦点	表单、命令按钮、文本框、编辑框、列表框、组合框、复选框、选项按钮、Container、微调器、OLE 绑定型
Init	创建对象时触发。表单中控件的 Init 事件先于表单的 Init 事件	表单、标签、线条、形状、图像、命令按钮(组)、文本框、编辑框、列表框、组合框、复选框、选项按钮(组)、表格、列对象、列标题、页框(面)、Container、计时器、微调器、超链接、OLE 绑定型

事件名	触发条件及说明	适 用 对 象
InteractiveChange	控件上的数据（Value）发生变化时触发。即通过键盘或鼠标输入或选择时，都触发此事件	命令按钮组、文本框、编辑框、列表框、组合框、复选框、选项按钮组、微调器
KeyPress	焦点在对象上按下键盘的键时触发。此事件参数语句：LPARAMETERS nKeyCode, nShiftAltCtrl 不可删除，nKeyCode 是键码（见附录 I） nShiftAltCtrl 是组合键值：1 为 Shift，2 为 Ctrl，3 为同时按 Shift 和 Ctrl，0 是没按组合键	表单、命令按钮、文本框、编辑框、列表框、组合框、复选框、选项按钮、微调器
Load	装载表单时触发，发生在 Init 事件之前	表单
LostFocus	对象失去焦点时触发。表单变为非活动窗口的同时失去焦点。当某对象获得焦点时，就可能有其他对象失去焦点	与 GotFocus 相同
MouseDown	在对象上按下鼠标键（或轮）时触发。与 MouseMove 有相同的参数语句	与 Click 相同
MouseMove	鼠标在对象上移动时触发。事件代码中有参数语句：LParamters nButton, nShift, nXCoord, nYCoordn Button：1 为左键，2 为右键，4 为中键 nShift：1 为按 Shift 键，2 为 Ctrl 键，4 为 Alt 键 nXCoord 和 nYCoord 是鼠标在对象上的位置坐标(x,y) 编写事件代码时，此语句必须保留，可引用各个参数	表单、标签、线条、形状、图像、命令按钮（组）、文本框、编辑框、列表框、组合框、复选框、选项按钮（组）、表格、列对象、列标题、页框（面）、Container、微调器
MouseUp	在对象上释放鼠标键（或轮）时触发。与 MouseMove 有相同的参数语句	与 Click 相同
MouseWheel	在对象上转动鼠标轮时触发	与 MouseMove 相同
Resize	改变窗口大小时触发	表单、列对象、OLE 绑定型
RightClick	右击对象时触发。对容器对象的影响同 Click 事件	与 Click 相同
Timer	每隔指定时间间隔（Interval）系统自动触发	计时器
Unload	释放表单时触发。发生在所有对象的 Destroy 事件之后	表单
UpClick	当单击增量按钮时触发	微调器

对象的常用方法程序

方法程序名及调用格式	功能及说明	适用对象
Circle(<半径>[,<横坐标>,<纵坐标>][,<横纵比>])	在表单上以横坐标和纵坐标为中心点画一个圆。横纵比的默认值为1,表示正圆。横纵比不等于1时,画椭圆	表单
Clear[()]	清除控件中全部数据行	列表框、组合框
Cls[()]	擦除表单上的输出和绘画的图形	表单
AddItem(<字符表达式>)	将表达式的值作为一行加到控件中	列表框、组合框
Hide[()]	隐藏表单,Visible 设为.F.。如隐藏活动表单,则触发其 Deactivate 事件	表单
Line(X1,Y1,X2,Y2)	以(X1,Y1)为起点,(X2,Y2)为终点在表单上画直线。线条宽度由 DrawWidth 属性的值(默认为1)决定	表单
Move(<左边界>[,<上边界>[,<宽度>[,<高度>]]])	移动对象位置和调整对象大小。各个参数均为数值型,系统默认各参数的数量单位均为像素点	表单、标签、线条、形状、图像、命令按钮(组)、文本框、编辑框、列表框、组合框、复选框、选项按钮(组)、表格、页框、Container、微调器、OLE 绑定型
NavigateTo(<网络地址>)	启动网络浏览器,连接到网络地址	超链接
Refresh[()]	刷新对象中相关联的数据。调用表单的 Refresh 方法时,系统自动调用表单中控件的 Refresh 方法程序	表单、命令按钮(组)、文本框、编辑框、列表框、组合框、复选框、选项按钮(组)、表格、列对象、列标题、页框、页面、Container、微调器、OLE 绑定型
Release[()]	关闭表单,释放表单所占用的内存空间,触发表单的 Destroy 事件	表单
RemoveItem(<行号>)	从控件中删除指定的数据行	列表框、组合框
Show[([<模式>])]	显示表单,Visible 属性设为.T.。变为活动表单,触发其 Activate 事件。参数1为模式表单,其他数为无模式	表单
SetFocus[()]	将焦点移动到控件上	命令按钮、文本框、编辑框、列表框、组合框、复选框、选项按钮、表格、列对象、页面、Container、微调器、OLE 绑定型

附录 I

按键与 KeyPress 事件参数 nKeyCode 值对照表

按键	键码	组合 Shift	组合 Ctrl	按键	键码	组合 Shift	组合 Ctrl
F1	28	84	94	F2	−1	85	96
F3	−2	86	96	F4	−3	87	97
F5	−4	88	98	F6	−5	89	99
F7	−6	90	100	F8	−7	91	101
F9	−8	92	102	F10	−9	93	103
F11	133	135	137	F12	134	136	138
1	49	33		2	50	64	
3	51	35		4	52	36	
5	53	37		6	54	94	
7	55	38		8	56	42	
9	57	40		0	48	41	
a	97	65	1	b	98	66	2
c	99	67	3	d	100	68	4
e	101	69	5	f	102	70	6
g	103	71	7	h	104	72	127
I	105	73	9	j	106	74	10
k	107	75	11	l	108	76	12
m	109	77	13	n	110	78	14
o	111	79	15	p	112	80	16
q	113	81	17	r	114	82	18
s	115	83	19	t	116	84	20
u	117	85	21	v	118	86	22
w	119	87	23	x	120	88	24
y	121	89	25	z	122	90	26
Ins	22	22	146	Home	1	55	29
Del	7	7	147	End	6	49	23
PageUp	18	57	31	PageDown	3	51	30
↑	5	56	141	↓	24	50	145
→	4	54	2	←	19	52	26
Esc	27	27		Enter	13	13	10
BackSpace	127	127	127	Tab	9	15	148
空格	32	32					